风自海上
——2024 建筑艺术作品展览作品集

中国美术家协会 编
马锋辉 曾成钢 吕品晶 主编

中国建筑工业出版社

图书在版编目（CIP）数据

风自海上：2024建筑艺术作品展览作品集 / 中国美术家协会编；马锋辉，曾成钢，吕品晶主编. -- 北京：中国建筑工业出版社，2024.12. -- ISBN 978-7-112-30621-3

Ⅰ．TU-881.2

中国国家版本馆CIP数据核字第2024N78F96号

责任编辑：唐旭
文字编辑：孙硕
责任校对：赵力

风自海上
——2024建筑艺术作品展览作品集
中 国 美 术 家 协 会　编
马锋辉　曾成钢　吕品晶　主编

*

中国建筑工业出版社出版、发行（北京海淀三里河路9号）
各地新华书店、建筑书店经销
印刷厂印刷

*

开本：965毫米×1270毫米　1/16　印张：13½　字数：248千字
2024年12月第一版　2024年12月第一次印刷
定价：188.00元
ISBN 978-7-112-30621-3
(44098)

版权所有　翻印必究
如有内容及印装质量问题，请联系本社读者服务中心退换
电话：（010）58337283　　QQ：2885381756
（地址：北京海淀三里河路9号中国建筑工业出版社604室　邮政编码：100037）

风自海上——2024 建筑艺术作品展览

组织机构
主办单位：中国美术家协会、上海市美术家协会、上海大学上海美术学院、中华艺术宫（上海美术馆）
承办单位：中国文联美术艺术中心、中国美术家协会建筑艺术委员会、上海美术学院美术馆
协办单位：上海上大建筑设计院有限公司、上海阿旺特家具有限公司

组织委员会
名誉主任：范迪安
主　　任：马锋辉、曾成钢、吕品晶
副 主 任：王　平、丁　设、王一川、王海松
秘 书 长：李　伟、程启明
委　　员：（按姓氏笔画排序）
丁沃沃、马清运、马　琳、王菲菲、朱小地、刘克成、李保峰、李翔宁、杨　萍
沈　康、张　利、张慧芹、贺绚绚、黄　耘、崔　彤、章　云、董竟成、曾玉婷
办 公 室：贺绚绚、马　琳、曾玉婷
展览编辑：杨　雷、蒋春晖、牛晨光、莫弘之、卢　杨

评审委员会
主　　任：马锋辉
副 主 任：王　平、李　伟、吕品晶
委　　员：（按姓氏笔画排序）
丁沃沃、王　昀、罗德胤、黄居正、黄　耘、程启明
监　　审：宋国栓

《风自海上——2024 建筑艺术作品展览作品集》
编辑委员会
主　　编：马锋辉、曾成钢、吕品晶
副 主 编：王　平、李　伟
执行副主编：贺绚绚、王海松、程启明
编　　辑：杨　雷、屈潞玲、王星雯、曹芳源
装帧设计：屈潞玲

序 一

2021年4月，习近平总书记在清华大学视察时指出："美术、艺术、科学、技术相辅相成、相互促进、相得益彰。要发挥美术在服务经济社会发展中的重要作用，把更多美术元素、艺术元素应用到城乡规划建设中，增强城乡审美韵味、文化品位，把美术成果更好地服务于人民群众的高品质生活需求。"习近平总书记的讲话为中国的城乡建设指明了方向，也为我们的建筑家们指明了创作方向。要构建一个美的生活环境，我们要坚持艺术与技术相结合，坚持对建筑艺术的不懈探索，提升大众的建筑审美。

为深入贯彻落实党的二十大习近平文化思想，全面落实党的二十大报告全面建设社会主义现代化国家、实现第二个百年奋斗目标宏伟蓝图，展示近年来优秀建筑艺术创作成果，彰显建筑艺术的民族文化内涵和时代美学意蕴，发挥其在城乡发展与美丽中国建设中的作用，提升民众审美水平，筑就各美其美、美美与共的城乡新风景，中国美术家协会、上海市美术家协会、上海大学上海美术学院、中华艺术宫（上海美术馆）共同主办的"风自海上——2024建筑艺术作品展览"将于12月在上海拉开帷幕。

本次展览展示了近几年来国内近百位优秀建筑家的建筑艺术创作成果。参展作者既有院士、建筑界大家，也有崭露头角的中青年建筑师；既有来自国内各美术院校、建筑院系的师生团队，也有来自各大设计院的一线生产骨干。展览的入选作品涵盖城市更新、乡村振兴等领域，大多为已经建成的建筑作品，也有部分概念设计和装置作品，创作视角触及遗产保护及再利用设计、人居环境设计、城市公共建筑设计等，体现出了对传统文化的传承，对现代科技的融合，以及对生态环境的尊重，具有鲜明的时代性、思想性、艺术性。

建筑如凝固的音乐，立体的诗篇。不同地域、民族、时代的建筑风格千姿百态，优美的建筑语言可以讲述文化故事、传递人类情感、激发观者共鸣。新时代为建筑事业的发展提供了广阔的舞台，也让我们对中国建筑艺术的未来寄予了无限期望。期待广大建筑艺术工作者坚持"以人民为中心"的创作导向，不断提升作品的精神能量、文化内涵、艺术价值，不断满足人民尊重的高品质生活需求。相信通过本次展览的举办，将对中国建筑艺术创作水平的提高和城乡建设高质量发展起到积极的推动作用。

中国美术家协会

2024 年 11 月

序 二

在浩瀚的人类文明长河中,建筑不仅是遮风挡雨的居所,更是文化、艺术与技术的结晶,承载着时代的精神与梦想。建筑艺术不仅关乎形式美,它还融合了空间、形态、材料、光线等元素,是一种既具实用功能又承载文化内涵的艺术形式;艺术与技术,在建筑领域如同鸟之双翼,缺一不可。艺术赋予建筑灵魂,技术则支撑其实现。

建筑与艺术有着天然的渊源。意大利文艺复兴时期著名画家、建筑师在他那本《意大利杰出的建筑师、画家和雕塑家传》(1550年)中,就将绘画、雕塑和建筑总称为"设计艺术"(Arti del disegno)。康德在其《美学》一书中也指出:"建筑的任务在于对外在无机自然加工,使它与心灵结成血肉因缘,成为符合艺术的外在世界。"建筑大家郑时龄院士说过:"建筑是特殊的艺术体系,建筑艺术经历了社会的、技术的、文化的和审美的演变,必须从时间和空间的维度中加以认识。建筑与艺术都象征着生命,尤其是建筑师和艺术家的思维范式、哲学思潮、艺术风尚的相互影响,建筑师与艺术家从事的工作相互融合。"

建筑家,作为建筑艺术的实践者,既需要具备艺术感和创造力,又需了解相应的工程知识、地域文化及环境科学。建筑创作与艺术创作类似,其概念生成、形态发源往往需要创造性的思维、感情的迸发,其方案延伸、深化落地则需要专业技术与造型能力的辅佐,最终的作品呈现、艺术表达则离不开细节的完善和综合把控能力。建筑创作是一个复杂的过程,会涉及文化、技术、经济、社会和环境等诸因素,会反映建筑家的学养、认知及设计哲学。区别于其他艺术门类,建筑艺术作品的呈现,不仅仅是物理状态的展现,还包括对建筑空间的感受和体验。观众可以通过参观和使用建筑,来感受建筑师的设计理念和建筑艺术的魅力。建筑家完成设计,只是完成了建筑创作的第一步。建筑作品从设计稿转化为实体建筑的过程中,建筑家还需对施工过程、材料选择、技术细节等做出调控,以保证创作成果的最终展现。

建筑审美,是一种个人体验,也是一种社会文化现象,它与建筑的美学特征、文化意义和社会价值有关。不同的人可能对同一建筑有不同的感受和评价，不同的社会群体可能会对不同的建筑做出迥然不同的评价。不同时代、不同地域、不同营造体系下，建筑审美的差异化是很明显的。建筑审美是一个主观和多元的过程，同时，建筑审美也在不断发展和变化。随着社会文化的变迁和审美观念的演进，人们对建筑的审美标准和偏好也在不断调整。

"风自海上——2024建筑艺术作品展"汇集了一批优秀的建筑家、艺术家，集中展示了他们近几年的创作作品。展览的入选作品中，有的巧妙地将现代科技融入传统美学，有的强调了人与环境的和谐共生，有的则以独特建筑语言反映了对社会文化的细腻感知，有的精心塑造了城乡风貌。风格不同、地域不同、表现手法各异的建筑作品汇聚一堂，给我们带来了多维度的审美体验。

本次展览还为我们提供了一个交流与学习的平台。在这里，我们可以近距离地欣赏到这些优秀的建筑作品，感受它们所蕴含的艺术魅力和独特创意，同时，通过优秀作品展示，通过与参展建筑家的交流互动，我们可以了解他们的设计思路和创作过程，交流建筑艺术创作经验，推动建筑艺术理论研究。

面对新时代，我们的建筑创作要"为民族设计"的情怀、有"为国家设计"的意识，即在坚守民族审美的基础上守正创新，在兼顾传统和现代的基础上提炼"中国审美"。要让一大批讲"中国故事"、具"中国气派"的优秀建筑艺术作品走向世界，推动中国建筑艺术创作水平提升与城乡建设高质量发展。

在此，我要向所有参展的艺术家、建筑师表示衷心的祝贺和感谢。是你们的才华和努力，为我们带来了这场精彩纷呈的建筑艺术展。同时，我也希望这次展览能够激发更多人对建筑艺术的关注和热爱，推动建筑艺术事业的繁荣发展。

上海美术学院院长

上海市美术家协会主席

曾成钢

2024年11月

前 言

建筑是文化的重要表现形式，建筑艺术是文化整体中的一个重要组成部分。凭借城乡建筑及其聚落形态，文化融会在人们的生活之中，成为深刻影响人们的无形力量，成为人类建造活动和建筑形态的灵魂，建筑也深深地依存于文化。作为人们栖身于世界并介入聚居社会关系的文化方式，建筑艺术体现生活世界整体性和世界构成相关性的重要地位，因城乡建设进程的加速而得到提升。

进入新时期以来，建筑艺术的主体性认知得到了全面的提升，建筑艺术工作者在城乡建设研究与实践中，越来越展现出自觉的文化认知、自主的创作观念和自信的创作能力，使得建筑艺术创作呈现出前所未有的繁荣和发展。此次展览展出的作品一定程度上反映了中国近些年来在建筑艺术发展的整体面貌，反映出广大建筑艺术工作者们，特别是年轻建筑师们在新发展理念引领下，在城乡高质量发展的进程中，在生态文明建设、社会综合治理、文化传承与创新等方面的深度艺术思考和创新实践探索。

建筑艺术的文化价值依存于彼此联系、相互作用的文化体系，一定的建筑艺术形态往往切合一定的自然和社会条件，体现一定的意识形态和生产生活需要，是整合、沟通文化构成要素和组成部分的重要媒介，也是承载文化价值、发挥文化功能、维护文化传统的重要机制。在建造世界的社会实践中，建筑形态往往以因特定地缘的差异性而形成自身的特色。这种特色既反映了人类文化在特定地域历史地形成和生态地发展的规律性，同时也显示了人类文化在特定地域发挥现实作用的针对性。建筑艺术创作中的地域文化特色，反映了一定文化形态与人类社会生活休戚相关的利益关系，正是文化价值的具体表现形式。

实现社会和谐，建设美好社会，始终是人类孜孜以求的社会理想。通过城市更新、乡村振兴、遗产保护等介入领域，建筑艺术实现其参与社会治理的学术愿望，通过创作实践承担社会责任，体现社会价值。在建设和谐社会的过程中，突出建筑艺术的社会意义，强调建筑艺术的社会诉求，是近年来广大建筑艺术工作者们努力追求的目标，他们直面社会现实，倾听社会需求，积极参与社会变革，在社会现实环境中寻找解决实际问题的创作构思与灵感源泉，深入思考通过建筑艺术提升集体意识、改善人际关系、促进社会和谐的问题，并努力通过社区营造等社会创新方式在社会发展前沿找到切实的解决方案。

中国传统自然哲学观念把包括人类在内的整个自然界理解为一个完整的整体，认为自然各部分之间的联系是有机的、内在的、动态发展的，在此观念影响下形成了强调人与自然的和谐统一的自然营造观念，这是祖先给我们留下的珍贵遗产，是中华优秀传统文化的重要组成部分。在重视生态文明建设的今天，我们应该向古人汲取智慧，在自然面前需要保持一种理智的谦卑态度，把建筑活动主动放置在大的自然系统中来考虑，树立整体的生态建筑观念。在践行新发展理念、构建新发展格局、中国式现代化和生态文明建设进程中，在改造自身生存环境而进行的人工活动中，如何化解人与自然环境矛盾，这次展出的建筑艺术作品中，建筑艺术工作者做出了很多有益的探索。

建筑艺术与日常生活息息相关，它不是个人思想膨胀的艺术创作，其艺术性以及审美价值总是呈现于一定的生活情境，并且与置身其间的人的生命活动和生命体验紧密相连。没有基于日常生活经验的贴切，没有出于深刻的人性关怀和内心感召，任何建筑对人都不可能有超越视觉而抵达心灵的真正的审美感动。在新时期文艺方针指引下，建筑艺术工作者们深入城乡生活，扎根基层社会，把人民对美好生活的需求和愿望，通过艺术创作去实现，促使当代建造活动回归切合建筑本质、亲近生活诉求的目标，而对建筑艺术性的追求也将因为有所担待的生活情感的洋溢而富有人性的光辉。

建筑艺术以空间和实体构成的建筑形象，与其他造型艺术一样，可以通过视觉给人以美的感受，同时，也可以通过寓意和象征，赋予其抽象的视觉形式以反映社会生活和时代精神面貌的表现性。但是，建筑艺术已不仅仅局限于一般审美价值诉求，更牵涉着整个文化体系的存续状态，需要主动承担起文化传承发展的责任和使命，需要积极推动和谐社会理想的实现，在生态文明建设和美好生活世界形成中发挥创新作用。在此意义上来说，这次展览所呈现出的集体面貌，希望能比较全面地回应新时期建筑艺术所应具有的多元价值和综合作用。

中国美术家协会建筑艺术委员会主任
中央美术学院副院长
吕品晶
2024 年 11 月

目　录

序一 006
序二 008
前言 010

入选作品（按作者姓氏拼音排序）
更新 / 绿色造村

曹卿 等(上海)/树屋生态博物馆 018
陈国栋(广东)/千匠百工建筑技艺传习中心设计 020
党田 等(河北)/望·山——重庆綦江红岩村村民活动中心 022
高小勇 等(重庆)/河埂·老家
　　　　　　　——重庆市永川区石笋山茶园民宿馆改造规划设计方案 024
谷德昊(浙江)/树·木 026
何东明 等(湖北)/再营造——冒水洞村乡村振兴精品示范项目 028
蒋瑶 等(四川)/"守望行动，孤岛的纸飞机"——乡村公益书屋设计 030
李涛(湖北)/自然、素材与身体——柿柿如意·南野际民宿 032
梁宇舒(江苏)/巴丹吉林沙漠里的家 034
刘九三(重庆)/刘家山舍 036
罗宇杰(北京)/熟地工艺展示馆 038
孟凡浩(浙江)/浙江丽水古堰画乡艺术中心 040
王冲(北京)/互舍 042
王平妤 等(重庆)/稻田书屋——"两不愁、三保障"示范村书屋设计 044
魏枢 等(上海)/上海崇明西沙国家湿地公园生态修复及设施更新 046
熊锦轩(浙江)/文心雅作·编织竹构——关于乡村竹构建筑的一场理想实 ... 048
许志强(广东)/道家村现代农业展示中心 050
喻焰(四川)/南江华润希望小镇规划与建筑设计 052

张茜（北京）/云隐里——乡村振兴民宿改造设计 054
张益凡（上海）/南阳老镇公共空间更新项目 056
钟炽兴 等（湖南）/池塘边的盒宅——返乡者为母亲建的养老居所 058
周维（上海）/棠之酒店 060
周维娜 等（陕西）/紫阳味道——紫阳县蒿坪镇金石富硒产业融合发展示范园建设项目
　　　　　　　　农夫集市、美食广场及建筑综合设计 062
朱小地（北京）/"软广场" 064

更新 / 艺术营城

傅祎 等（北京、吉林、广东）/沪上寻味——浦东机场上海美食坊空间设计 070
郭龙 等（北京、山西）/柳荫艺库新建建筑与旧有空间适应性改造 072
何崴 等（北京）/康县新人字桥 074
胡兴 等（湖北）/"汉阳造兵工厂"工业遗产改造：东通菜园当代艺术馆 076
黄全乐 等（广东）/滨水铁路站场的新生
　　　　　　　　——广州铁路博物馆建筑与景观改造设计 078
李立（上海）/西藏美术馆 080
梁昊（北京）/重建城市角落的微型秩序——廊坊北凤道垃圾中转站设计 082
刘婧（山东）/掇山叠石·艺境通幽 084
刘淼 等（北京、上海）/北京金隅兴发科技园 086
刘焉陈 等（北京、重庆）/重庆江北化肥厂M机房美术馆 088
罗子安（广东）/北京路粤·潮楼 NEW IN 整体改造项目 090
马科元（上海）/南山君柠野奢度假酒店 092
马泷（北京）/北京798城市更新项目——FLC园区 094
冉昱立（重庆）/重庆大学设计创意产业园七号楼 096
陶磊（北京）/TAOA办公室 098
汪单（上海）/4.5m²-37.4m² 100
魏秦 等（上海）/偶遇 102
伍端（广东）/新纪念性：广州美术学院岭南画派纪念馆改造 104
肖虎（北京）/重庆渝中区解放碑—朝天门步行大道品质提升综合整治工程 106

邢同和（上海）/中国共产党第一次全国代表大会纪念馆 ... 108
徐千里（重庆）/重庆九龙坡区民主村片区城市更新项目 ... 110
许牧川 等（广东）/故园新知·济南大明湖悦苑酒店设计 ... 112
杨楠 等（江苏）/太湖度假区凤凰台改造 ... 114
杨洋（重庆）/重庆美术公园（原重庆发电厂工业遗址改造更新） ... 116
余水（重庆）/重庆渝中区新华路周边环境综合整治
　　　　　　　—水巷子片区城市更新项目（成渝金融法院） ... 118
张峰 等（上海、浙江）/上海交通大学番禺路校门外卖收取设施提升改造项目 ... 120
章明 等（上海）/绿之丘——杨浦滨江原烟草公司机修仓库更新改造 ... 122

再造 / 文化生境

边保阳（海南）/希拉穆仁·丝路梦郡草原景区 ... 128
陈日飙（广东）/挺起的脊梁，精神的丰碑
　　　　　　　——绵阳"两弹一星"红色旅游经典景区博物馆 ... 130
陈雄（广东）/深圳机场卫星厅 ... 132
褚冬竹（重庆）/湖北三峡移民博物馆 ... 134
崔海东 等（北京）/肥城市民中心 ... 136
崔彤（北京）/中国科学院大学科学与艺术大楼 ... 138
崔勇（山东）/SKY BOWL ... 140
丁鹏华（安徽）/竹西佳境 ... 142
窦平平 等（江苏）/苏州·中国声谷声音媒体客厅 ... 144
范蓓蕾 等（上海、重庆）/丁蜀成校 ... 146
封帅（北京）/"源"创新科技展示馆 ... 148
胡月文 等（陕西、湖南）/悬泉置博物馆·丝路文化遗产与生态韧性概念性研究设计 ... 150
黄捷 等（广东）/平潭国际演艺中心 ... 152
李保峰（湖北）/信阳蒲公山地质公园博物馆 ... 154
李道德（河南）/天空之戒 ... 156
李琳（北京）/望犹江·熹台 ... 158
李亦农（北京）/路县故城遗址博物馆 ... 160

刘成章 等(北京、安徽)/心动碧莲池 162

刘卫兵 等(四川)/无形：第23届米兰三年展中国馆景观建筑小品设计 164

陆诗亮 等(黑龙江)/大连梭鱼湾足球场 166

潘勇(广东)/汕头大学东校区暨亚青会场馆项目(一期) 168

史洋 等(北京)/"后窗"——BMX小轮车比赛看台建筑设计 170

水雁飞(上海)/千鹦鸟舍 172

孙一民(广东)/海上玉兰——南上海体育中心建筑概念设计国际竞赛(第一名) 174

汤桦(广东)/沸腾里火锅博物馆 176

陶暄文(北京)/我国某军事博物馆概念设计方案 180

仝晖 等(山东)/书城海韵——山东建筑大学(烟台)产学研基地图书信息中心 182

王海松 等(上海)/新江南书院——上海大学附属嘉定实验学校 184

王建国(江苏)/大理书院 186

王浪(广东)/佛山企业家大厦 190

王琦(重庆)/活力CPU：人文精神与社会价值新载体——重庆大学虎溪校区体育中心 192

王子耕(北京)/运城五谷食肆餐厅 194

吴昊 等(陕西)/秦腔一声吼 196

杨明(上海)/第十届中国花卉博览会世纪馆 198

杨晓川 等(广东)/崇左市江州区城南实验小学 200

钟华颖(江苏)/广西大石围国家地质公园天舟观景台 202

钟洛克 等(重庆)/重庆市合川区美术馆 204

周德洪 等(广东)/珠海横琴人文天地文创中心—文创展示 206

周蔚 等(上海)/崇明东滩湿地科研宣教中心 208

庄子玉(北京)/龙泉山镜高空平台 212

入选作品（按作者姓氏拼音排序）

更新 / 绿色造村

　　"乡村振兴"战略是以习近平同志为核心的党中央提出的重要决策,总书记指出:"实施乡村振兴战略,一个重要任务就是推行绿色发展方式和生活方式,让生态美起来、环境靓起来,再现山清水秀、天蓝地绿、村美人和的美丽画卷。"

　　"绿色造村"是一种理念,也是艺术家们的行动准则。这个"绿色"是绿水青山,也是尊重自然、顺应自然的观念,更是各类绿色技术、生态智慧在乡村设计上的体现。

曹卿、阳威（上海）
树屋生态博物馆
项目地点：贵州省黔西南州册亨县卜公山
建设规模：35m²
设计时间：2022年
设计单位：曹卿工作室

　　设计团队携手城市青年、本地村民、工匠及公益组织，在村中建成了一座充满艺术特色的树屋——聚落的生态博物馆。这个生态树屋作为聚落的生态信息索引室，不仅让村中儿童和游客更好地了解村寨，还激发了人们探索聚落的兴趣。树屋依托500余年的古榕树，赋予了这一旧场所新的功能，成为村民交流、儿童嬉戏、游客休憩的公共生活中心。

　　树屋是城市年轻人与乡村本地儿童的共建，它是建筑师与乡村工匠的共建，更是传统与现代的共建。交流、碰撞、启发、融合在这个树屋设计和搭建过程中不断地产生和强化。城市年轻人能够在乡村寻找和实现自我价值，而乡村儿童和年轻人也能在艺术的启迪下，重新唤起对自己所居住村寨的兴趣，振兴日渐式微的村寨。

陈国栋（广东）
千匠百工建筑技艺传习中心设计
项目地点：浙江省杭州市
建设规模：342.7m²
设计时间：2023年
设计单位：無名营造社

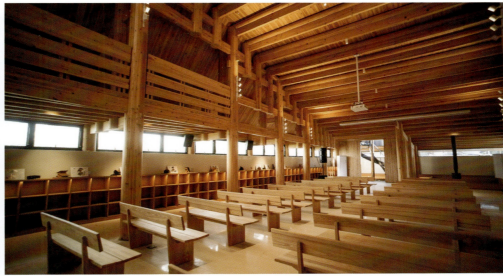

　　千匠百工建筑技艺传习中心，落成于贵州省黔东南苗族侗族自治州榕江县。都柳江边苗侗人家世代建造木屋村寨，我国西南地区的干栏式建筑在此地区以民居、禾仓、风雨桥、戏台、鼓楼等多种建筑形式存在。其中，由民居发展而来的鼓楼，代表着侗族掌墨师最高的建造技艺，也代表着侗族人民对精神世界的不断探求。千匠百工建筑技艺传习中心的设计灵感即来源于鼓楼，但在空间、材料与建造技艺上进行新的探索。传统的鼓楼建筑由一个"排扇"（组成屋架的一个梁柱单元）旋转阵列而来，而本设计通过对排扇的变形来获得新的空间类型，并通过胶合木取代原木来实现新空间的大跨度要求。

党田、韩芷淳（河北）
望·山——重庆綦江红岩村村民活动中心
项目地点：重庆市綦江红岩村
建设规模：建筑面积 270m²、景观面积 820m²
设计时间：2024 年
设计单位：四川美术学院、重庆外语外事学院

　　基地位于重庆綦江红岩村，旨在创建一个融合当地生活与生态环境的村民活动中心。建筑位于场地的制高点，背靠山体，面向梯田景观。主体建筑设计为单向坡屋顶，两层共 270m²，二层观景平台充分利用自然地形和视野，使村民能够远眺山脉和梯田，增强建筑与周围自然景观的互动。在建筑材料和景观处理上，秉持低介入的设计理念，最小限度干扰生态环境，采用架空地面的形式形成天然广场。室外景观选用当地本土材料，如石笼座椅，实现可循环利用。景观空间与建筑的结合过渡自然，形成与周围环境的渗透与互动，提供村民日常活动的舒适场所。通过简洁的建筑形态与本土材料表达对生态环境的尊重，同时也为村民创造了一个既现代又具有地方特色的公共空间。

高小勇、冉锋（重庆）
河埂·老家——重庆市永川区石笋山茶园民宿馆改造规划设计方案
项目地点：重庆市永川区石笋山景区
建设规模：800m²
设计时间：2023 年
设计单位：四川美术学院

　　以"因地制宜、因势利导、因地而生"作为设计原则,保持原貌特征,用好当地一草一木一树、一石一砖一瓦,造景自然化,景观本土化,宜景宜人宜心。借助山地的特色及本土文化,强调环保意识,尽可能地保留和修复原有的建筑特色和环境特点,回归自然,还璞归真。

　　在"因地制宜、因势利导、因地而生"设计原则的指导上融入茶马古道文化与本土永川茶文化创新性结合,打造茶文化驿站。

谷德昊（浙江）

树·木

项目地点：陕西省西安市鄠邑区蔡家坡村、重庆市璧山区七塘镇

建设规模：360cm × 360cm × 420cm、410cm × 410cm × 650cm

设计时间：2022 年

设计单位：杭州谷予文化创意发展有限公司（谷德昊）

　　作品《树·木》为在地性乡村公共艺术作品。分别为作者在 2022 年于西安美院主办的关中忙罢艺术节，重庆美协、四川美院主办的"云雾花涧"——中国（璧山）乡村公共雕塑创作营，以及浙江省美协主办的"花开五四"首届莫干山全国青年空间艺术创意大展等展览活动落驻地创作了此公共艺术作品。

　　作品以乡村木结构房屋为主体造型基础，通过搜集、拾取乡村里的树枝，进行拼接、组合，选用乡村木结构房屋的梁柱为主干、自然的树木结构为枝干，"生长"成为一座森之屋。日常中房屋结构通常被树木包裹，而作品中包裹着树木的房屋颠覆了惯常的空间体验。整体的白色既是保护色也是一种警示。

　　此外，树与木既是承上启下的传承关系，又是自然生态的轮回。其背后还有人的因素，即"塑木"。树即生命，木即材料，作品试图探索人类与自然的空间共生关系、树与木的循环因果关系。可供穿梭的通道，以及夜晚灯光效果，增强了作品的互动性。

何东明、袁泽艺、李雪松、郝晶、童虎波（湖北）
再营造——冒水洞村乡村振兴精品示范项目
项目地点：云南省曲靖市
建设规模：789m²
设计时间：2023年
设计单位：中建三局集团有限公司、昆明理工泛亚设计集团有限公司

　　冒水洞村位于云南省曲靖师宗县葵山镇，是个极其寻常的乡村。在乡村振兴的大背景下，项目计划在村落中心建设一栋具有对外接待、交流、文化展示、餐饮接待等综合服务功能的乡村客厅。

　　项目场地是一栋结构几乎损毁的木结构房子，却保留了几堵完整的石头墙，肌理清晰。场地的西侧都是村内小路，紧邻小路是一片开阔的场地，大有"可以成为小广场的趋势"。南侧是一片茂密的小树林，杂乱但生命力旺盛。"冒水洞"，果然如其名字，附近有温泉。

　　设计始于一种非常自然的"介入"。在这个看似普通的村子里，却处处都有就地取材的石头墙，让村子显得与乡野格外的切合。保留基地内的石头墙，这就是对场所最朴素的揭示。让新的空间以一种"轻"的姿态介入基地保留的石墙上，对于清秀的小树林和既有院落呈现"透明性"叠加，新生的场所是我们对风景真诚地回应。

蒋瑶、郝薇（四川）
"守望行动，孤岛的纸飞机"——乡村公益书屋设计
项目地点：概念方案
建设规模：1500m²
设计时间：2023年
设计单位：成都文理学院艺术学院环境设计系

　　"守望行动——一座孤岛的纸飞机"不仅是书屋的名称,更是寄托梦想与情感的象征。该项目旨在关怀空巢老人和留守儿童,他们各自心怀梦想,老人曾经未竟的心愿与儿童对未来的憧憬相互映照,虽无法亲自追寻,却用折纸飞机的方式托寄希望,愿其随风飞翔,成为对美好生活的遥望。设计灵感源于乡村儿童的成长环境。纸飞机不仅承载了他们对外界的想象和向往,更是与外界沟通的桥梁。正如有的孩子乘飞机远航,而有的孩子,坐船才能看到更广阔的世界。长江水滋养了他们的故土,也带来了丰富的文化与记忆。

　　纸飞机象征着他们童年的天真、自由和对未知的探索,成为故乡与世界的纽带,寄托了归乡呼唤的情感。作为公益书屋,这座建筑不仅具有知识传播的功能,更是孤岛文化交流的平台。书屋围绕孤岛的儿童设计,激发他们的阅读兴趣,拓宽文化视野,通过阅读活动与文艺交流,启迪心智、丰富精神世界。同时,设计充分考量乡村生态,打造自然融合的空间,让孩子在阅读与探索中体验自然的馈赠。空间灵活多功能,为游戏、学习、表演等活动提供了丰富支持,也通过融入乡土文化元素增强儿童的文化认同感。

李涛（湖北）
自然、素材与身体——柿柿如意·南野际民宿
项目地点：湖北省武汉市黄陂区木兰暖村
建设规模：607.71m²
设计时间：2022年
设计单位：UAO瑞拓设计

ABC 三栋民宿形成一个向着草坪和池塘的围合，因自身的切角形态互补。建筑之间用一个细柱钢结构连廊相连，保留的老宅只剩下墙垣，中间的泳池刚好从形态上填补了建筑过重的视觉关系。

ABC 都是一个平面母体的变异，都是 L 形的实体 + 一个虚的内院，但空间却不同。在立体形态上，三栋的母体是顶面被斜切后的六边柱体，各个立面和顶面则开挖了各种不规则多孔布局。

建筑外墙都是木纹清水混凝土。不需要保温功能的院子、楼梯间的外墙，用双面木纹清水混凝土；房间外墙则是单面木纹清水混凝土 + 内保温处理。

三栋民宿是国企联村的成果，内在核心是适宜的尺度和人在其中的游走关系。自然、素材与身体，是这几年做小建筑总结的一个基本逻辑，是手法，也是哲学。

梁宇舒（江苏）
巴丹吉林沙漠里的家
项目地点：内蒙古自治区阿拉善右旗巴丹吉林沙漠庙海子
建设规模：167m²
设计时间：2022 年
设计单位：南京大学建筑与城市规划学院

　　该项目是一个运用地方材料和建造技艺应对沙漠极端气候，探讨巴丹吉林嘎查传统居住建筑的生态延续与当代应变的实验性项目。项目由科技研究基金支持，自2017年以来的几年间，主创建筑师及其研究团队扎根乡土，走访并测绘民居建筑。通过对当地遗留的芦苇房、梭梭棚屋等既有乡土建筑设计智慧的学习，就地取材，发掘当地草泥型建造技艺。芦苇编织拱形钢桁架屋顶的设计灵感来源于沙漠中一处失落的蒙古包群，设计创新性地将乡村常见的拱形钢桁架、方管、金属屋面板等现代材料与木椽子、草绳等自然材料结合起来使用。设计者认为，设计实践应以当代语境下可操作的传统技艺的传承为地方建筑语言发声，尝试以该实验性项目为当地的乡土建筑剧变提供一种可能性。

刘九三（重庆）
刘家山舍
项目地点：重庆市
建设规模：300m²
设计时间：2020年
设计单位：有种建筑 AKINTECTS

　　家乡的山有两种。一种阴郁神秘，高不可攀。你不知道那一层一层的影子下面藏着什么，可能什么都没有。另一种曲径通幽，引人入胜。你不知不觉登上山顶，见所未见。

　　后来我才知道，所有的山都是第一种，也都是第二种，取决于登山的人有没有走出第一步。人心，是一座一座的小山包。

罗宇杰（北京）
熟地工艺展示馆
项目地点：河南省修武县郇封镇后雁门村
建设规模：1463m²
设计时间：2021年
设计单位：罗宇杰工作室

 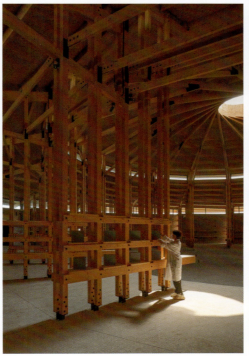 

　　项目位于焦作市修武县后雁门村，产业振兴是后雁门的重点，种植园的建设关系着全村的整体发展，将种植园延展至产业观光、自然教育、电商直播、康养活动等，使一二三产形成联动，是产业振兴乡村的时代需要。

　　以"九蒸九晒"地黄熟制工艺为灵感，即不断地蒸煮、晾晒，工艺流程是持续与"阳光"发生关系的过程，提炼出光的概念，采用圆形体，创造丰富自然光环境，用直代曲，有中心对称圆形平面的独特结构，让光成为建筑的主题，使之于空间内外均产生出丰富的变幻，融合传统营造智慧，体现展馆、乡土、生态属性。

孟凡浩（浙江）
浙江丽水古堰画乡艺术中心
项目地点：浙江省丽水市
建设规模：地上 13738.96m²、地下 6463.65m²
设计时间：2020 年 ~2021 年
设计单位：line+ 建筑事务所

　　古堰画乡位于浙江丽水，是一座集艺术画廊、古镇文旅与民居生活于一体的特色小镇。建筑设计初期提出了"运营前置"概念，将小镇的日常活动融入艺术中心的功能布局，邀请周边居民与游客共同参与。设计以中心围合、底部开放、多重尺度和复合功能为策略，在现代艺术地标与自然烟火场景间寻求平衡。艺术中心不仅填补了区域内文化艺术平台的空缺，同时也成了大家闲时活动的公共场所。自启用以来，艺术中心成功承办了专业艺术展览，并举办了市集、秀场发布会等多样化活动，极大地丰富了小镇的生活，推动了地方商业和就业，改善了居民生活条件，同时提升了艺术素养。未来，艺术中心将继续释放更大的社会影响力，成为社区文化交流与艺术发展的重要枢纽。

王冲（北京）
互舍
项目地点：北京市延庆张山营镇后黑龙庙村
建设规模：200m²
设计时间：2020年
设计单位：王冲工作室

守正创新

在快速的乡村振兴和城市更新中,是拆除重建?还是遵从历史保持原样?"互舍"意在中国北方乡村地区进行一种探索,在不拆除现有建筑的情况下实现人居环境的更新。新旧关系应该融合成一种"共生形式":为记忆赋予新的意义。

"互舍"包含新旧两部分建筑,扩建部分包覆瓷砖瓦片,模仿了北京延庆后黑龙庙村传统砖砌建筑的山墙形式。同时,曾在20世纪80年代被用作婚房的北房被敏感地保留,因而使得古老和现代建筑并存。

空间交互

1. 建筑遵从乡村肌理,与村落房屋尺度和斜屋顶形式相协调呼应,精准地楔入地块。

2. 扩建部分与现存砖房"交织",实现内外空间的交互,新建筑通过"洞穴状"的内部走廊和由倾斜墙壁构成的上层露台与现有房屋相连。

3. 色彩交互,现代陶瓷饰面与原始建筑的旧砖砌及木结构相得益彰,线条贯穿墙壁和屋顶露台。

王平妤、李宗杰、黄柏林、王权玮、徐琳（重庆）
稻田书屋——"两不愁、三保障"示范村书屋设计
项目地点：重庆市石柱县中益乡华溪村
建设规模：2338m²
设计时间：2021年
设计单位：四川美术学院建筑与环境艺术学院

该建筑位于重庆石柱县中益乡金溪村,金溪村原为重庆18个重点扶贫村落之一。2020年至今陆续进行了乡村产业升级与农业景观治理,并作为重庆"两不愁 三保障"示范村落建成。结合周边农业景观改造进行设计,共同构成农业景观综合体。

建筑容纳了乡村文化展示、公共文化活动、民宿接待多种功能,建筑面积885m²。建筑原型取自土家建筑,选址在稻田景观中,以外八字形朝向溪谷和农田。建筑采用退台,适应原有地形,将土家建筑坡屋顶设为连续坡面形态,中部设为乡村文化展示共享空间,两侧为面向稻田的民宿客房,通过景观综合体最大限度地彰显中益乡溪谷风光,立足于"小而精"实现乡村美景与建筑的共生共融。

魏枢、杨亦能（上海）
上海崇明西沙国家湿地公园生态修复及设施更新
项目地点：上海市崇明区西沙湿地
建设规模：300hm²
设计时间：2019年~2020年
设计单位：上海上大建筑设计院有限公司

　　西沙湿地通过生态引鸟、植物多样性配置、水处理净化等工程，在原有湿地的基础上，将其定位为一个集科普教育、科学研究、休闲观光等为一体的多功能湿地生态示范区。生态保护、修复及空间重塑。在基地生态保护的基础上，对脆弱的生态板块进行修复，并着重进行保护性的景观空间重塑。特色项目设置，及开发强度控制。在基地生态保护的前提下，注重开发强度控制，着重特色景观项目的设置。本土特色展示，及视觉体验体系。便捷的交通系统，及丰富的慢行体验。结合湿地空间搭建木栈道及架空栈道，沿路欣赏湿地风景感受丰富的慢行体验。

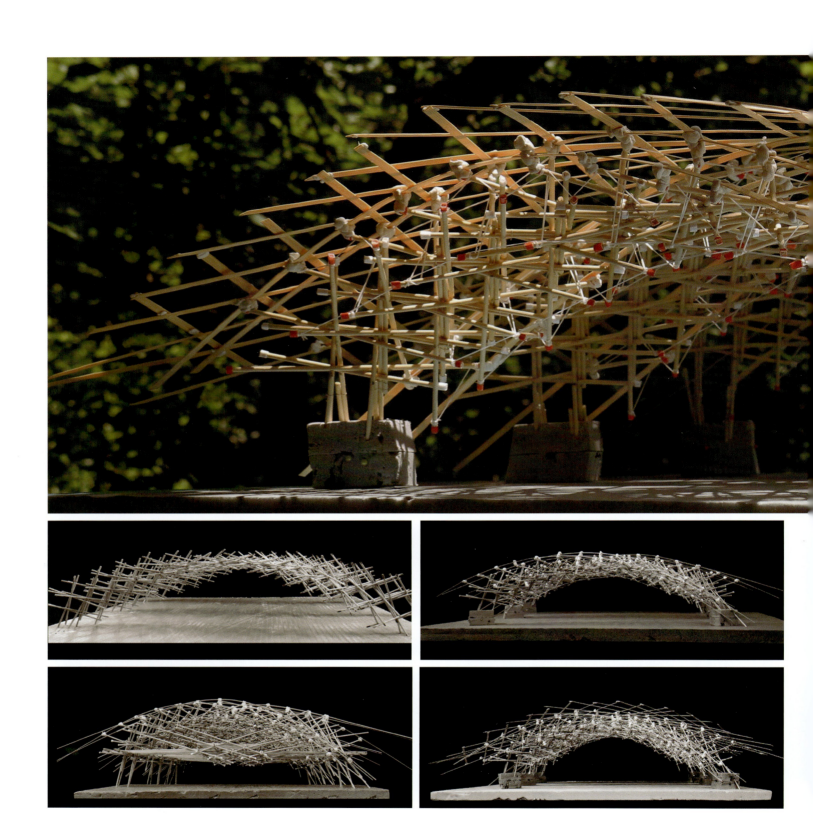

熊锦轩（浙江）
文心雅作·编织竹构——关于乡村竹构建筑的一场理想实验
项目地点：浙江省杭州市
设计时间：2022年~2023年

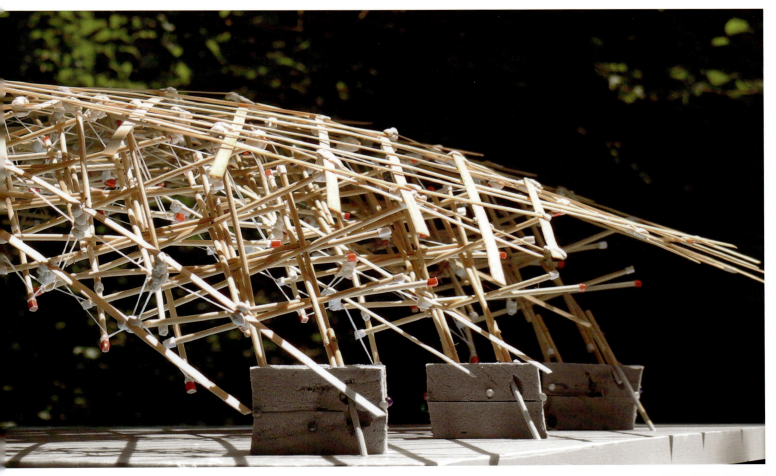

　　本设计以"雅作"为内核，以编织研究为出发点，讨论"编织"的小料大构、围合、遮蔽、设计建造等问题。首先，从编织出发，讨论竹材编织建构的可能性；其次，以编织竹构空间为原型，展开两类方案设计讨论。

　　地点选择在杭州市富阳文村。第一个方案为"编织竹构·公共活动中心"，编织竹构以一种轻盈的状态，落在田地边，如蚕蛹织茧般编织房屋，使得底层架空。还地给自然，从事农业生产，在竹构中能看到稻苗、泥鳅，傍晚在其中可听取蛙声一片。以一种谦逊的态度对待自然，"适宜、朴道"也是"雅"的一种体现。

　　第二个方案为"编织竹构·廊桥"，竹构廊桥架水而建，用于连接文村村落与农田。竹构以单元件互承结构为出发点，呼应文村"小路径、小构造、小生活"的立意。将竹构置于河流之上，岸基承重，编织建造，竹构互承，小料大构。"竹构廊桥"，利用河岸的稳定性与当地材料的便捷性，建造便于生活与集会的空间。

　　最后，以编织竹构为中心，展开了竹构拱的实际搭建实验，分别从不同尺寸的单元件、跨度、高度、竹材性质、承重等方面进行了五次实验。

许志强（广东）
道家村现代农业展示中心
项目地点：广西壮族自治区梧州市藤县道家村
建设规模：200m²
设计时间：2021 年
设计单位：域境设计有限公司

项目位于广西壮族自治区梧州市藤县道家村，周围被山林包围的一处田地边上，建筑面积为 200m²，包括展示、接待功能。为了更好地回应周边山林自然环境和田地整齐的网格肌理，建筑形态上以折动屋顶形态回应山林环境，同时平面以矩形平行于田地、道路摆放，形成面向田地的观景平台和平行道路的入口廊道空间，让建筑很好地融入整体环境中。在矩形平面中从前到后设计卫生间、小展厅、服务大厅、茶座四个功能区间，让空间在满足农产品展示同时也能让游客和村民使用。考虑到广西地区夏季气候炎热多雨，竹资源丰富和乡村振兴特色需求，设计材料则选择天然竹子作为此次项目的建筑主材，屋顶铺设防水材料。立面以竹子围合形成良好的通风效应，给建筑带来通风干爽环境，巨大屋顶覆盖带来良好的遮阴，屋顶中间引入一条采光的高窗对应内部四个功能空间不同的光线需求。

喻焰（四川）
南江华润希望小镇规划与建筑设计
项目地点：四川省巴中市南江县
建设规模：40.9hm²
设计时间：2021年
设计单位：重庆市设计院有限公司、重庆大学建筑城规学院

华润希望小镇是华润集团践行央企社会责任，紧密围绕红色文化、乡村振兴战略的公益性探索实践。目前已建成广西百色、河北西柏坡、湖南韶山、福建古田、贵州遵义、安徽金寨、江西井冈山、延安南泥湾和四川南江等12个希望小镇。南江华润希望小镇选址于四川省巴中市南江县，总规划面积约620亩。规划和建筑方案设计基于传统村落的自然禀赋与历史传承，以农业生产为承托载体，全综合优化土地利用、产业发展、民居改造、福祉提升、环境整治、生态保育和文化复兴，重塑古村印象，延续红色记忆，发扬耕读文化，在结构、空间、形态、风貌、技术等多个层次上完成村落的全面升级，塑造出一个精神火种不断、地域特色鲜明、适应时代发展的乡村振兴规划与设计作品。

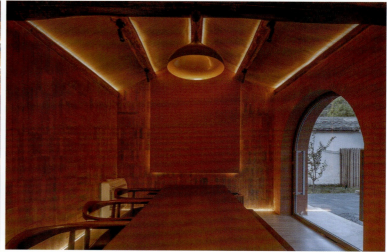

张茜（北京）
云隐里——乡村振兴民宿改造设计
项目地点：北京市房山区
建设规模：650m²
设计时间：2022 年
设计单位：北京时代景观建筑设计咨询有限公司

　　作品位于北京市房山尚英水村，由四套村民自建房院落改造而成。通过探究人、自然、气候以及空间的共生关系，设计表达了人与自然融合的理念与追求。尚英水村三面环山，设计以最小的成本借助自然环境，让空间最大化地富有创造性和艺术表现力。

　　改造后的四套院子，保留了老房的天然石瓦屋面和木梁，每套院子采用独特的空间手法，体块叠加、带状链接、推拉灰空间，利用自然的材质——砖、木、石材进行创作。更新后的院落体现当代乡村的诗意栖居，最大限度地融入自然景观，避世隐奢地藏于林静乡野之间。

　　民宿落成后带动其旅游产业，成功的乡村振兴模式使得尚英水村获选"百千工程"示范村，成为展现首都特色、服务首都发展、乡村振兴的样板村。

张益凡（上海）
南阳老镇公共空间更新项目
项目地点：福建省宁德市寿宁县南阳镇
建设规模：1065m²
设计时间：2020 年 ~2021 年
设计单位：YFS 易建筑工作室

项目所在的南阳老镇区传统木构民居与现代自建房互相交织，建筑密度极高，公共开放空间匮乏。设计用地为已废弃多年的公共粮站建筑群，均为灰瓦坡屋顶形式，木构、砖石、夯土混杂，损毁严重，空间阴翳。设计将此处转变为充满活力的公共开放空间，为各式活动的发生提供场所。

场地原有的空间组合关系被保留，选择性拆除部分墙体，释放内部空间、打通整体流线；对保留下来的结构和材料进行加固更新与再利用，并于恰当位置植入新的功能体块，满足未来维护与运营的需求。新老共生之下，因为当代生活的生动性，空间流露出的"似曾相识之感"更加鲜活。

钟炽兴、李楚智、赖文波、刘婷昱、王蔚、魏颖（湖南）
池塘边的盒宅——返乡者为母亲建的养老居所
项目地点：湖南省浏阳市沙市镇郊区
建设规模：600m²
设计时间：2018年
设计单位：湖南大学建筑与规划学院、湖南第一师范学院美术与设计学院

　　回应若即若离的邻里，物化内省的自然乡村。通过查勘当地民居特征：分布分散，为典型江南散村型态。当地建房子喜欢将主屋与余屋分开建造，一主一次、一前一后。经过多轮推敲组合形式，从当地的建筑空间原型出发，沿用一主一次的空间思路，根据场地进深短面宽深的特点，将前主后余的传统布局改成左余右主的布局。造型原型以方盒子为基础单元，一个方盒子预示着一栋民宅，根据功能需求划分为10个方盒子，将其堆叠成错落有致的两层体量，形成一个聚散结合、凹凸有致的聚落组合体。将屋顶作为植被平屋顶，增加保温隔热的同时开辟了屋顶的活动空间；同时将院落打开，不设围墙，向风景开放，向附近的乡邻开放，形成一种亲近自然、增加沟通的氛围。

周维（上海）
棠之酒店
项目地点：湖南省郴州市
建设规模：1717m²
设计时间：2020年~2021年
设计单位：米凹工作室

  棠之酒店位于湖南郴州东江湖畔，作为风景名胜区的酒店建筑，它以"旅行人停留地"为设计出发点，采用大比例的公共空间，达成建筑内外体验的相互感知，用建造手法改变空间特质。原有建筑框架从东—西、南—北两个方向划分为 X 轴和 Y 轴，涵盖公共性和私密性。在 X 轴上，村庄和梯田以景观方式从两侧山墙方向进入到室内；Y 轴上平行的六片墙划分整个建筑空间，其中的五片墙归置了客房区域，小尺度的运用更贴近人的身体性。特意安排的入口，到达的是酒店四楼，自上而下，超常尺度的台阶、楼梯、走道、中庭等组成公共空间，使家的多场所得以实现。棠之酒店作为新建筑以当地熟悉的材料被搭建置入乡村场地，寻求与环境对话，在矛盾和共生中展开日常。

周维娜、吴文超、李润泽、鲁潇、王科、蔡文轩、周树涛（陕西）
紫阳味道——紫阳县蒿坪镇金石富硒产业融合发展示范园建设项目农夫集市、美食广场及建筑综合设计
项目地点：陕西省安康市紫阳县蒿坪镇
建设规模：20亩（约1.33hm²）
设计时间：2023年
设计单位：西安美术学院建筑环境艺术系

　　以紫阳县蒿坪镇为人文基底，以自然、美食为依托，以体验蒿坪镇金石富硒产业为亮点，打造集文化观光、文化休闲与创意、会展、科教及乡村休闲等为一体的金石村新型产业融合发展示范园。该设计项目为金石村产业发展园的一部分，占地20亩，主要由三部分组成：集农贸交流的"农夫集市"，集娱乐休闲、文化体验、研学于一体的"乡建文化活动体验中心"，以及以打造"紫阳味道"为品牌的乡村美食娱乐休闲广场。设计秉承金石村自然地理环境和历史文脉，塑造具有在地文化氛围和乡村文化底蕴的多功能空间使用环境。

　　主体建筑三层，建筑面积共1536m²，三层分设农耕文化展示空间、乡贤馆、美食文化展示馆、村民文化娱乐共享空间、研学空间等，以满足乡民和外来游客的需求。目前，农夫集市已于2024年3月建成投入使用，主体建筑正在施工完成中。

朱小地（北京）
"软广场"
项目地点：深圳市坪山长守村
建设规模：1463m²
设计时间：2023年
设计单位：朱小地建筑设计事务所（北京）有限公司

　　农耕时代，位于村落中心的水塘是具有生活供水、消防、景观、风水等多重功能的重要公共空间。近几十年来，生活方式的改变让水塘原有功能消失，蜕变成养鱼池，建立起硬质岸线和金属栏杆。

　　"软广场"项目在与周边道路相平的高度用一张巨大的、具有低延展性的绳网覆盖水面，形成新的公共空间。村民和游人行、跑、坐、卧其上，可以彼此互动嬉戏，仰观清风云月、俯察池鱼荷花。7处圆形混凝土支撑结构有效缩短了绳网跨度，强化结构同时降低了成本。相邻两根绳中心线间距120mm，兼顾了不同年龄使用者的安全性与舒适度。绳网下方又铺设了一张更加纤细致密的绳网以防物品坠落。"软广场"把村落的公共空间解放出来，并赋予其超越农耕时代的文化属性。

067

更新 / 艺术营城

  2020 年 12 月，党的十九届五中全会明确提出"实施城市更新行动"，这是以习近平同志为核心的党中央站在全面建设社会主义现代化国家、实现中华民族伟大复兴中国梦的战略高度，对进一步提升城市发展质量作出的重大决策部署。2021 年 9 月，新华社播发"习近平时间"指出，中国正在探索一条具有中国特色的城市更新之路，为提升城市品质，中国城市更新正从粗放型的大拆大建转向绣花式的精细化改造。正如习近平总书记指出的，城市是人民的城市，人民城市为人民。城市更新，应努力为人民创造更加幸福的美好生活。

  艺术家与城市更新有天然的渊源。将"艺术营城"思维融入城市更新，将会使城市更有温度、更具亲和力。

傅祎、刘璇、王宁、唐琦玮、陆明、贺仔明、聂微雨（北京、吉林、广东）
沪上寻味——浦东机场上海美食坊空间设计
项目地点：上海市浦东国际机场
建设规模：350m²
设计时间：2021 年
设计单位：中央美术学院室内建筑研究中心

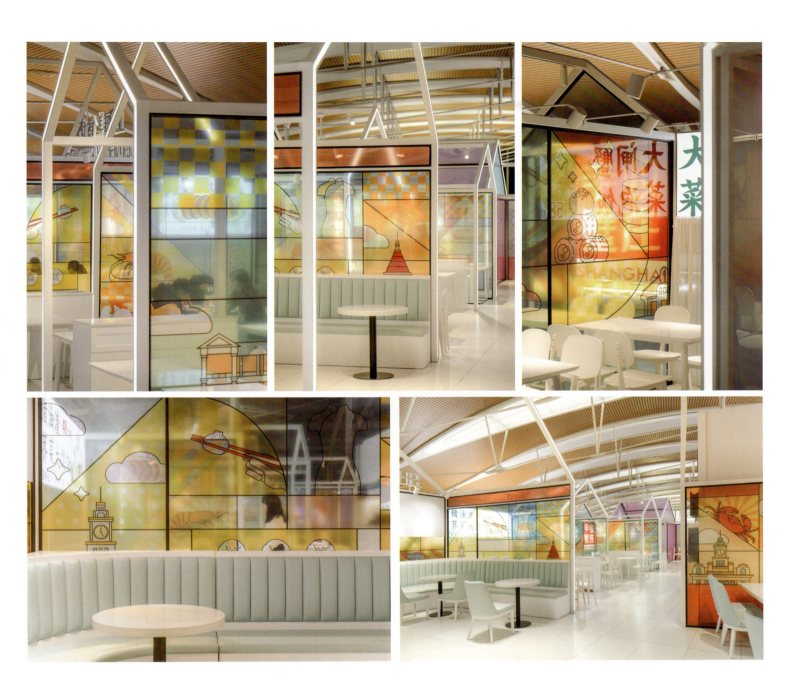

"铸牢中华民族共同体意识",体现了中华民族的文化自觉和文化自信,文化不是虚无的,是要有载体的。地方美食承载着一方水土之人对童年和家乡的回忆,对中华美食的认知和体验,构成对中华文化的共同记忆。享受美食也是一种审美体验,是人民日益增长的美好生活需要之一,如何在空间环境中转译呈现为"上海性"的文化符号,是本案设计的重点。尖顶房屋的抽象轮廓,是很多孩童对家的表达,不同大小的"房子"组织出路径曲折的"弄堂"聚落,模糊了内外界限,海派文化符号结合不同色彩 ArtDeco 装饰风格的半透明材质,相互交叠,呼应霓虹闪烁的地方记忆。

郭龙、马俊（北京、山西）
柳荫艺库新建建筑与旧有空间适应性改造
项目地点：重庆市北碚区柳荫镇
建设规模：12080m²
设计时间：2020年
设计单位：四川美术学院建筑与环境艺术学院

 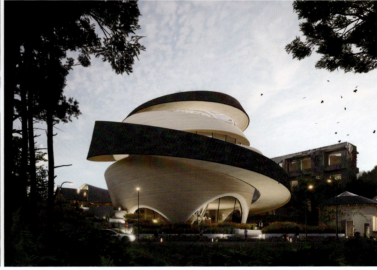

　　柳荫粮站位于重庆市北碚区柳荫镇，粮站建于20世纪60年代，至2000年后逐渐停止使用，改造前已处于荒废状态。粮站由粮食储藏区、加工区、办公区、员工居住区四个主要部分组成。

　　项目总面积为12080m²，其中新建建筑面积6850m²，建筑改造面积5230m²。一期建成于2021年，二期为方案设计。设计师以"塑仓廪之形、赋乡村以能、唤历史之忆"为目的，通过公共建筑的艺术性设计唤回乡村居民集体记忆。

　　改造后的粮站更名为"柳荫艺库"，为乡村研学、乡村美育、学术会议、艺术展览、艺术家在地创作提供了场地，从而吸引了大批青年艺术家到访与驻留。项目先后受到中央电视台与地方媒体多次报道，同时也极大丰富了当地居民的日常文化生活。

何崴、陈龙、王梓亦、何星辰、刘浩、孟祥婷、李大伟（北京）
康县新人字桥
项目地点：甘肃省陇南市康县
建设规模：800m²
设计时间：2023 年
设计单位：三文建筑、中央美术学院何崴工作室

　　项目位于康县县城中心，是对一座老桥的改造。灵感来自县内的一座清代古廊桥——龙凤桥。廊桥是中国古代桥梁中的一种，它结合了桥和建筑，很好地将交通和非交通功能结合在一个空间内。设计保留了原桥的主体结构，两侧的人行道和栏板继续使用。新建筑建于桥面上，廊桥形式，采用符合可持续理念的木结构，固碳总量约144t。桥中部可通行，也可作为临时市场、户外表演等活动的场地；座椅和独立的箱形空间位于桥两侧，供人休闲观景。廊桥屋顶的彩色天窗既提供了足够的阳光，也让空间充满浪漫气氛。

　　改造后，新桥改善了区域的步行质量，增加了城市活力和商业价值，为居民创造安全、惬意的户外公共空间的同时，也为西部县城带来了新地标。

胡兴、刘常明（湖北）
"汉阳造兵工厂"工业遗产改造：东通菜园当代艺术馆
项目地点：湖北省武汉市
建设规模：700m²
设计时间：2024年
设计单位：华中科技大学建筑与城市规划学院

本项目是由工业厂房改造的当代艺术馆，原为依托清末汉阳兵工厂原址所建的鹦鹉磁带厂。经多年的私搭乱建，厂房已被加建的房屋包围，厂房本身也已被刷上白漆，原结构年久失修。

通过冲洗、打磨，将其还原成最初的样貌：红砖墙体＋木屋架。入口的门洞被控制为一条600mm宽的缝，贯穿立面，让所有的访客，能带着些许仪式感与敬畏心地鱼贯而入。为应对不断变化的展陈主题，设计制作了一套可变化的"展架系统"：可以附在墙面上，也可以90°开启成隔间，或对折缩短长度，还能组装成可移动的展台。并通过结构加固，恢复了原厂房中的行车。

作为一个工业遗产改造，希望在保存其物质空间环境的同时，它还能依稀按照当年的工业生产逻辑运转起来。

黄全乐、吴中平、罗韵珊、童梦琳（广东）
滨水铁路站场的新生——广州铁路博物馆建筑与景观改造设计
项目地点：广东省广州市荔湾区黄沙大道誉江路3号
建设规模：铁路博物馆建筑面积 5000m²
设计时间：2010年
设计单位：广州美术学院建筑艺术设计学院、华南理工大学建筑设计研究院

广州铁路博物馆场址原为黄沙广铁南站，位于广州黄沙一带，紧邻珠江，在粤汉铁路南端始发站——黄沙车站旧址及铁路范围内。它见证了广州近代工业、运输业的成长，承载着一代又一代铁路人的记忆，是一处极具纪念价值的公共空间。但在改造更新项目启动前，园区破损程度较高，建筑破败，现场铁轨仅余痕迹，残留枕木横陈，滨水空间空旷平淡，夜间照明不足。

为了传承铁路文化，展现时代发展，本项目将建筑改造为铁路博物馆，将建筑室外部分改造为铁路公园，在保留历史痕迹的基础上，注入新时代的特色。景观改造则以场地遗留的铁轨痕迹、驳岸要素作为贯穿场地设计的骨架脉络，积极利用近800m的开放滨水空间带，打造具有人文气息、文化意味的滨水景观：

1. 铁路文化公园：融入铁路元素，复原铁路轨道，重塑历史场景；
2. 滨江休闲打卡点：通过增强可达性，打造一体化珠江景观带。露天展区展出的机车、车辆、线路、信号灯等铁路设备复原了当年黄沙车站的旧貌。

李立（上海）
西藏美术馆
项目地点：西藏自治区拉萨市
建设规模：32825m²
设计时间：2019年
设计单位：同济大学建筑设计研究院（集团）有限公司

　　西藏美术馆是对原拉萨市水泥厂进行的再生设计，作为集收藏、展览、研究、交流、教育等于一体的综合型美术馆，西藏美术馆是向世界展示西藏文化艺术的重要场所。总体设计以"喜马拉雅的钥匙"为理念，强调空间共享与整合。结合工业遗存布局的分散特征，形成主展馆、艺术家驻留创作基地、艺术互动体验区、艺术市集四大分区。在空间组织方面，充分利用工业建筑的空间特征和潜力，形成特色鲜明的在地空间体验，成为拉萨市的城市公共活动中心和助力城市空间发展的新引擎。

梁昊（北京）

重建城市角落的微型秩序——廊坊北凤道垃圾中转站设计

项目地点：河北省廊坊市

建设规模：200m²

设计时间：2024 年

设计单位：园里营造建筑设计事务所

　　本项目关注的是城市中被遗忘的角落空间，尝试用建筑学的方法并结合实际需求，为这些角落重建秩序并融入城市。项目用地原本是一个露天垃圾回收场地，卫生条件极差，垃圾回收的整个流线也很混乱，不仅难以满足自身功能，也对城市交通和形象造成了消极影响。

　　新垃圾站的设计思路有三点：

　　1. 建筑整体采用胶合木构造体系，内外无任何附加装饰，使城市垃圾站体现绿色环保的整体形象；

　　2. 利用胶合木的建构特点，并结合垃圾运输的工作流程，确定建筑的平剖面尺度以及垃圾箱转运流线；

　　3. 将外立面板材倾斜放置，使建筑内部实现自然通风和采光。

　　项目建成后，原来的角落空间以新的微型秩序重新融入城市。小建筑为日常生活带来了微小但积极的变化，垃圾转运不再干扰城市交通和城市形象，来往的市民也从原来的"捂鼻子，绕着走"，变成现在的"看一看，停一停"。

刘婧（山东）

掇山叠石·艺境通幽

项目地点：山东省济南市长清区大学科技园紫薇路 6000 号

建设规模：21000m²

设计时间：2023 年 ~2024 年

设计单位：山东艺术学院

　　艺术创作中心南面依山，景观秀美，设计概念取中国园林艺术中"掇山叠石"的空间造景手法，打破传统教学楼方盒子的形态，通过体块的旋转、抽离，形成了一种"疏松多孔"的堆叠状态。

　　体块间的空隙使南侧山体景观得以渗透，形成了高低交错的平台，提供了室外观景、交流、休憩的空间，在保证内部空间规整实用的前提下，创造了松弛、灵动的建筑形象。

　　建筑充分利用地块不规则形状，顺应山体走向与地势起伏，自西向东逐级抬升，群山与建筑之间蜿蜒起伏的路径营造出静谧深邃的意境，通往艺术家的创作之所。

　　建筑总面积约21000m²，功能以画室和大型艺术创作室为主，兼具教学、会议、交流、展示、艺术品储藏等功能，可以满足不同画种的空间需求，助力高校艺术创作实践活动。

刘淼、高博、任齐（北京、上海）
北京金隅兴发科技园
项目地点：北京市怀柔区
建设规模：214700m²
设计时间：2020年~2024年
设计单位：北京市建筑设计研究院股份有限公司、HPP建筑事务所

金隅兴发科技园项目位于怀柔科学城北部，毗邻长城文化保护带，文化资源丰富。原为金隅兴发水泥厂，为贯彻京津冀协同发展国家战略，2015年兴发水泥厂主动关停，探索项目转型升级。项目占地30.36hm²，总建筑面积21.47万 m²。设计定位为"生态先行，自然修复；工业遗迹，活化再生"。修复环境伤痕，打造智慧产业园区，建立充满活力、丰富多元的产业生态系统。围绕一横一纵两条历史—空间轴线，园区规划为五大功能分区。全园采用"轻量化"的设计手法，将保留与增建、更新与新建有机结合。

刘焉陈、徐千里、杨洋、谢竞、任太平（北京、重庆）
重庆江北化肥厂 M 机房美术馆
项目地点：重庆市
建设规模：4109.5m²
设计时间：2021 年
设计单位：北京焉尘建筑设计咨询有限公司（主创设计）、重庆市设计院有限公司（施工图设计）

  以城市更新为背景，重庆江北化肥厂旧址于2016年更名为悦来庄稼文化艺术区。M机房美术馆位于悦来庄稼上合成区的核心位置，其前身M机房曾在化肥厂承担高温高压合成液氨这一关键步骤。新的改造设计保留了M机房的基础结构与外立面，以同样的结构逻辑加以扩建，用一条悬挂的外廊连接重组室内外空间，引导观者在不同的高度穿越工业景观，并完成艺术再生产的新循环。化肥生产曾经将自然作为他者进行驯化，而如今工业图景与自然相互依附，共同遵循着造物者的逻辑。当气体不再充盈机器与管道，这里将合成的也不再是生产原料。知识与文化将不断在这片肥沃的土壤中生长生发，成为一座能够建立新的归属感的精神领地。

罗子安 （广东）

北京路粤·潮楼 NEW IN 整体改造项目

项目地点：广东省广州市越秀区北京路

建设规模：建筑面积 11000m²（裙楼）

设计时间：2020 年 ~2022 年

设计单位：广州市竖梁社建筑设计有限公司悬亮子工作室

　　潮楼位于广州老城区千年古道上的北京路，是广州最老最知名的商圈之一。潮楼曾经承载着"80后"的潮流记忆，但由于商业更新不及时等原因，潮楼以及其格子铺商业随着时代发展，逐渐落寞。如今，全新的粤·潮楼NEW IN经过全面改造，焕新回归。

　　建筑现状为30层，裙楼6层部分为商业、楼上酒店；改造上在保留建筑特色及本地文化基因的同时，通过重构内部空间及动线，打造垂直立体化的岭南意蕴"街梯式"户外空间，构建"多首层"商业，集合潮流零售、场景式体验、新生活方式艺术展览、社交活动为一体，采用"商业"+"艺术"+"场景"结合的新商业模式，延续广州潮流文化基因，打造新一代青年新生活方式聚场。

马科元 （上海）
南山君柠野奢度假酒店
项目地点：安徽省合肥市庐江县
建设规模：6713m²
设计时间：2018年~2024年
设计单位：来建筑设计工作室

　　南山君柠野奢度假酒店坐落于合肥市郊的群山环抱之中，竹树掩映之下是一座以现代木构为特色的酒店集群。设计充分关注基地选址的本土语境，从传统木构中汲取官式仪制的"层叠架屋"构法、解决跨度问题的"编木拱"技艺和徽州民居的"肥梁细柱"特征，结合现代胶合木与金属节点的新型构造体系，充分发挥结构参与空间营造的可能性，创作出酒店公区的"叠木""悬木""聚木""忘木"，以及客房群的"编木""交木""斜木"等新型屋顶体系，造型各异、鳞次栉比，循地形层层跌落、与嘉木山水相映，在营造与自然和谐共生的新型人居聚落的同时，传达出中国传统视觉艺术的"画境"之美。

马泷（北京）

北京 798 城市更新项目——FLC 园区

项目地点：北京市朝阳区酒仙桥

建设规模：146850m²

设计时间：2016 年 ~2018 年

设计单位：北京市建筑设计研究院 AMA 艺术工作室

FLC园区属于798城市更新的重要组成部分，原有老菜市场因为年久失修成为危房，其用地根据《北京城市总体规划（2016—2035年）》改建成为城市绿地和公共服务设施，项目将艺术、人文、科技与绿色融合，实现了艺术工厂与文创园区的相互融合。

为避免线性园区对城市空间的阻隔，建筑采用四栋塔楼交错布置，并通过首层门厅和下沉庭园丰富了建筑与自然的关系。FLC园区的建筑造型轻盈、通透、优雅、流畅，展现出灵动和神秘感。办公环境以开放共享、绿色健康和智慧友好为特征，提供互动场所和共享空间，促进员工进行舒适灵活的工作和会议。

冉昱立（重庆）
重庆大学设计创意产业园七号楼
项目地点：重庆大学设计创意产业园
建设规模：69369.76m²
设计时间：2018年
设计单位：重庆大学建筑规划设计研究总院有限公司

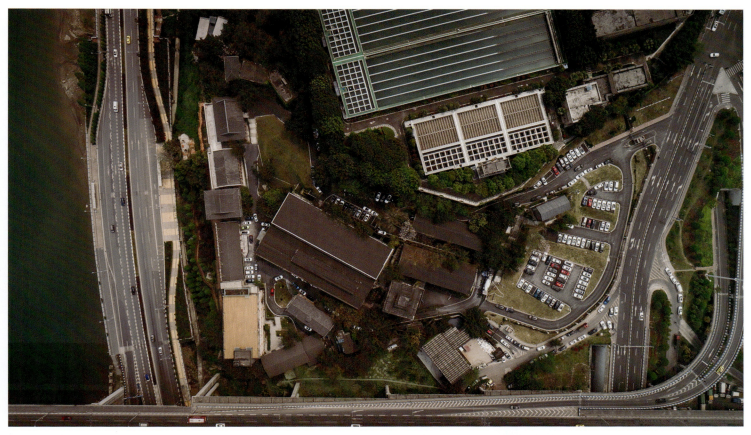

　　重庆大学设计创意产业园邻近重庆大学，总用地面积约21703m²；上下高差约40m，园区保留建筑19栋，七号楼为产业园主楼，原来是鸽牌电缆厂主厂房，改建后建筑面积约6780m²，功能为设计、办公。

　　中庭的玻璃幕墙是本次设计的亮点，设计出发点是最基础的西方现代建筑理念，把本来用于新建筑室外的建筑构件用于老建筑改造的室内，在大型的集中空间，将办公区域和交通辅助区域分开，实现了服务空间和被服务空间的划分，完成了动静分区；幕墙前的大台阶是整个园区的视觉焦点，大家都喜欢在这里活动留影。

　　幕墙像一块幕布，自然划分了舞台区和观众区，工作的人和游览拍照的人，在不同的条件下，观众和演员是可以互相交换角色的，这便是中国传统园林建筑技法中的看与被看。

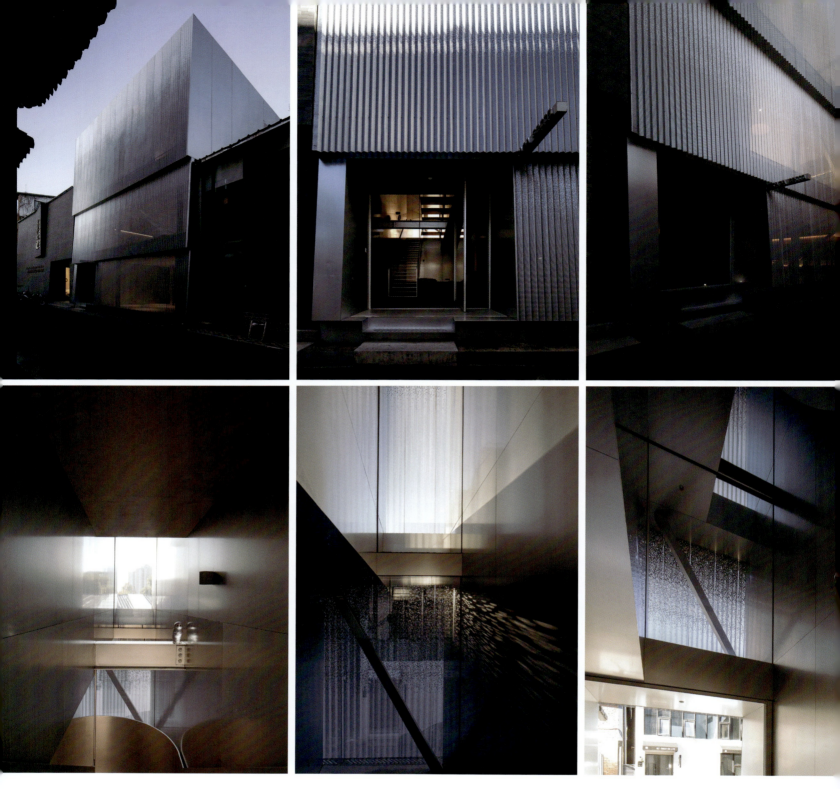

陶磊（北京）
TAOA 办公室
项目地点：北京市朝阳区
建设规模：450m²
设计时间：2021 年
设计单位：TAOA 陶磊建筑

　　这是一个建筑设计事务所的改造设计。建筑坐落于北京798艺术区内，周遭为参差不齐的老旧砖墙建筑群。设计的初衷是简单、舒适，小巧且优雅，并尽可能地和自然接触，同时希望新的建筑明朗而清新，能够给老旧街区带来新的活力。

　　建筑外墙被阳极氧化铝板包裹，有着柔和的反射性。为了避免过度日晒和同对面建筑的对视，对整个西侧的铝板面进行了折弯与冲孔，使建筑形体具有半透明性。

　　改造后，一层为展示空间，二层为会议和接待区，三层用来工作。为了将三个楼层更好地联系成一个整体，在入口前厅设置了垂直向上直至屋顶的挑空空间作为楼梯间。拾级而上，空间逐层缩小，西侧窗也随之从地面上升到屋顶。午后，阳光透过穿孔铝板洒满整个空间，柔和而静谧。

　　建筑挤在南北两侧建筑的缝隙之中，只能选择朝向东西开放。一层东墙作为园区界墙必须保留；二层东墙被彻底打开，并朝向东面设置了半户外露台；三层则在东侧设置了微型露天庭院。生长在东南角的一棵大树成为人们接触室外和自然的线索。一层依托树干拓展出一方小院，三层则在树下做出一个外挑的阳台。通过和自然的接触，建筑更为生动，同时也为人们带来了愉悦。

汪单（上海）
4.5m²–37.4m²
项目地点：第 18 届威尼斯国际建筑双年展中国国家馆
建设规模：声音装置
设计时间：2023 年
设计：汪单、上海交通大学设计学院、李智博

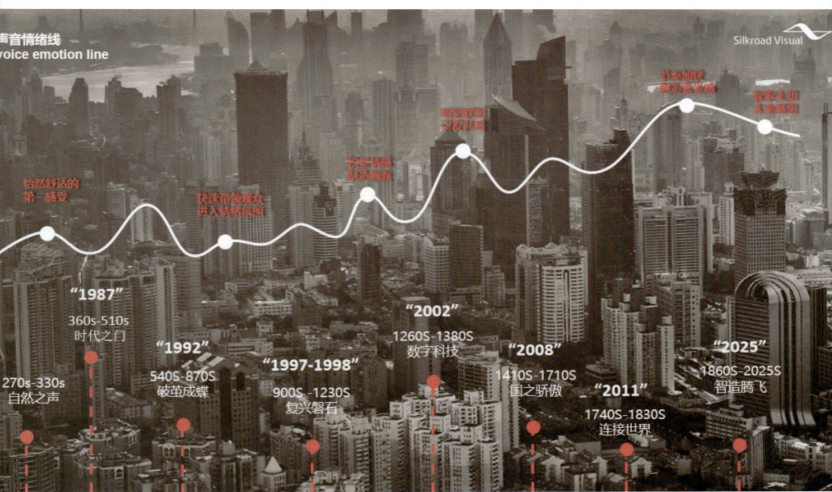

　　作品以声音装置探索改革开放以来上海人均居住面积从 4.5m²~37.4m² 的变化。这一空间上的蜕变，深刻诠释了社会物质生活与精神面貌的显著进步。创作团队以不同时间段、不同城市的采集声音为素材，通过节奏、旋律的叠加与转换，勾勒人们生活环境的多元演变。装置内部的机械球随着声音韵律摆动，在光影交错间营造出游离时间之外的沉浸式体验。球体的每次碰撞，都仿佛在时间中刻下深刻的划痕，象征着代际生活的印记和城市更新的轨迹。作品在 4.5~37.4min 时间段分为 9 个时间段，通过音效重现城市、自然、人文等元素，重构出跨越时间的空间场域。在 4.5~37.4min 的 1974s 音频中，作品以中国视角回应全球议题，让观众在聆听中感受历史的律动，回望过去，思考未来。

偶遇

魏秦、康艺兰、刘诺、宋颖（上海）
偶遇
项目地点：上海市黄浦区南昌路
建设规模：47m²（变电站立面改造）
设计时间：2021年
设计单位：上海大学上海美术学院

　　《偶遇》创作于2021年上海城市空间艺术季期间，对接黄浦区瑞金二路街道的美丽街区微更新项目，由街道出资，上海大学上海美术学院师生创作，对科学会堂东侧的变电站建筑立面进行改造。

　　创意来自于在南昌路生活过的中国诗人徐志摩的诗作《偶然》，抒发人生中偶然相逢后的情感。作品从诗歌中的"偶遇"为灵感，运用线、面、体等几何元素，将"偶遇"两个汉字中"亻""辶"和"禺"三个部首巧妙组合变形，运用色彩与视觉对比突出几何元素，提取周边历史建筑的拱形窗格语汇，将原来简陋的消极界面变身为休憩交流、文化可读、设备管线内置等功能，拓展街道微基建作为城市公共空间的可能性，激发多样化的社区交往。作品探究以艺术针灸赋能社区，重塑有温度、可阅读、愿驻足的活力触媒，营造与人邂逅、与艺术偶遇、与文化重逢的氛围，激活历史街区的场所精神。

伍端（广东）

新纪念性：广州美术学院岭南画派纪念馆改造

项目地点：广东省广州市海珠区昌岗东路257号

建设规模：基地面积2109m²、建筑面积3139m²

设计时间：2021年

设计单位：广州美术学院伍端建筑工作室（主创设计）、广东工业大学建筑规划设计院有限公司（施工图设计）

　　岭南画派纪念馆由莫伯治和何镜堂于20世纪80年代末设计,现为广州市第六批历史建筑。经过多年使用,建筑面临老化、设施不全、底层潮湿等问题。为适应新时代发展,纪念馆的功能从作为收藏和学术交流的校内美术馆向外扩展到城市和公众层面。改造方案调整了建筑流线,将主入口从校内北侧移至南侧的昌岗东路,原先的南侧覆土开挖成下沉景观,使负一层向城市完全敞开,提升采光通风的同时增加建筑的公共性,成为新的主入口和公共空间。改造顺应室外地形高差增设了无障碍坡道,室内增设电梯和展柜,附楼增设专业典藏库。北侧荷花池设置了汀步、奇石、叠水。方案深度勾连了人与建筑、环境、文脉的关系,重新阐释纪念性在当代所蕴含的意义。

肖虎（北京）

重庆渝中区解放碑—朝天门步行大道品质提升综合整治工程

项目地点：重庆市渝中区

建设规模：45000m²

设计时间：2020年

设计单位：重庆市设计院有限公司

  该项目西起解放碑，途经民族路、新华路、打铜街，东至朝天门，全长约1.7km，2020年6月正式启动建设，改造地面面积4.5万㎡、立面面积为2.6万㎡。项目通过由面到点的精细化设计，从街道空间、城市交通、市政设施、建筑界面、景观景点等方面，对步行系统街道品质进行提升，整合碎片化的街道空间，激发城市空间活力，将临江支路—民族路—下新华路段（本项目）作为渝中半岛核心区更新提升示范段，提高城市街道品质，激发城市空间活力，提升旅游综合体验，使渝中半岛真正成为一个宜居宜业、人文荟萃、生活便利、充满活力的地方，将解放碑—朝天门步行大道打造成世界级城市街道名片。

邢同和（上海）
中国共产党第一次全国代表大会纪念馆
项目地点：上海市黄浦区兴业路1号
建设规模：10000m²
设计时间：2017年
设计单位：华东建筑集团股份有限公司

　　党的百年华诞,"中国共产党第一次全国代表大会纪念馆"于2021年6月落成。

　　新馆把握从中共一大开始,走过一百年奋斗历程,这项设计具有高度政治性、文化性。选址"一大会址"遗址斜对面,沿太平湖畔,做到同街区城市肌理、序律一致。建筑立面形象在融合周边石库门群中通过提炼、升华,创造了和而不同的公共性、纪念性建筑。

　　建筑面积地上2500m²,地下7500m²,陈展功能全部置于地下,创造了极佳的陈展物理空间,配合先进设备,确保安全疏散。

　　设计创新了海派石库门风格,彰显了纪念建筑的庄重肃穆、气势宏伟,孕育了建筑文化艺术的新境界。设计方案以原创手绘来表述,是一种新的探索,可以体现心中激发的灵感和激情,对党和祖国的致敬和热爱!

徐千里（重庆）
重庆九龙坡区民主村片区城市更新项目
项目地点：重庆市九龙坡区谢家湾万象城南侧
建设规模：11 万 m²
设计时间：2021 年 ~2023 年
设计单位：重庆市设计院有限公司

民主村位于杨家坪商圈核心位置，占地580亩。作为原建设厂配套家属区，有着丰厚的文化、辉煌的历史。但经厂区搬迁，城市问题也随之凸显，片区虽位于万象城、西城天街两大商圈之间，却两极分化严重，对商圈的连通和发展形成了阻隔，整体区域亟待更新提升。

策划在最新的城市更新"留改拆建"并举的政策指引下，坚持"以人民为中心"的理念，围绕"补齐公共设施短板、保护修复绿地绿廊、积淀文化元素魅力、增加防灾减灾能力、打造就业创新载体"五大更新内容进行展开，塑造片区"居民新家园""城市新纽带""创业新天地"的崭新定位。率先开展"三师进社区"活动，在"居民共建""自主更新"等模式下共同探索出城市核心区成片化更新的新路径。

许牧川、肖馭（广东）
故园新知·济南大明湖悦苑酒店设计
项目地点：山东省济南市
建设规模：16200m²
设计时间：2020年~2023年
设计单位：广州美术学院

　　济南大明湖悦苑酒店位于山东省济南市百花洲传统街区，青瓦黛墙的传统四合院，垂柳和泉池间，游人如织，描绘出一幅老济南的优美画卷。本项目主体建筑是济南江西会馆，涉及一座板梁结构的仿古建筑、两座保留下来的历史文化保护建筑，以及部分旧厂房，占地约9800m^2，设计面积约16200m^2。改造设计在"故园新知"设计理念中，设计运用现代的简洁、诙谐的手法，结合江西会馆的特殊意义转译济南传统文化元素，为客人讲述了一位年少的江右商人初到江西会馆的所见所闻，将概念中的场景路径呈现于改造中，依托建筑群的既有布局形式，用新派的艺术手段对大殿、古戏台、餐厅及厢房等空间组织进行诠释。

杨楠、肖湘东、吴江、张莹（江苏）

太湖度假区凤凰台改造

项目地点：江苏省苏州市吴中区香山街道凤凰台景区

建设规模：800m²

设计时间：2023年

设计单位：苏州大学、平介设计（苏州介建筑科技有限公司）

　　设计场地凤凰台位于苏州太湖中心的长沙岛，太湖大桥1号桥南端，是1号桥与2号桥的链接岛屿。场地四面环湖，俯瞰状如凤凰，凤凰台因此而得名。坐在风景如画的太湖畔，该项目不仅提供了绝佳的观景视角，还承载着丰富的文化和历史记忆。站在凤凰台上，游客可极目远眺，尽享太湖的湖光山色，感受自然与历史的交融。此次改造项目的核心理念是"历史与未来并置"。设计团队旨在通过现代设计手法，赋予这座历史建筑新的生命，选择耐候钢板和黑色钢板作为主要材料，耐候钢板的自然锈蚀效果与石头的古朴质感相得益彰，形成了鲜明的对比和和谐的统一，既保留了建筑的历史感，又赋予其现代感。该项目已成为太湖周边乃至长三角地区有知名度和美誉度的一张名片，打造了一个集休闲度假、高端俱乐部、咖啡厅和艺术文化创作于一体的文旅新空间。

杨洋（重庆）
重庆美术公园（原重庆发电厂工业遗址改造更新）
项目地点：重庆市九龙坡区
建设规模：20万 m²
设计时间：2020年
设计单位：重庆市设计院有限公司

　　重庆美术公园以"全球独特，中国唯一"为项目定位，以四川美术学院黄桷坪校区为依托、重庆电厂工业遗址为核心、九龙滨江生态区域为轮廓，打造涵盖文化、艺术、生活为一体的高品质国际化美术公园。

　　作为重庆美术公园核心的重庆电厂工业遗址区域，将迎来"功能空间改造"与"公共空间营造"。功能空间改造方面主要为重庆电厂区域外部进行了保护性更新，风貌更新后主厂房活化为博物馆、九龙电厂区域打造重庆西部航天城、煤仓区域活化为数字大系等。

　　公共空间营造部分已于2023年12月正式亮相。曾经寂寥、破败的重庆发电厂旧址，在被冠以重庆美术公园之名后，绘出了一道道流光溢彩、亦梦亦幻的光影盛宴。

余水（重庆）
重庆渝中区新华路周边环境综合整治—水巷子片区城市更新项目（成渝金融法院）
项目地点：重庆市渝中区新华路
建设规模：31964.78m²
设计时间：2021 年
设计单位：重庆市设计院有限公司

该项目位于重庆母城核心区，新华路与打铜街交叉口，处于西起解放碑，途经民族路、新华路、打铜街，东至朝天门的重庆第一街上。金融法院建筑群保护修缮和活化利用的设计涵盖了从城市空间规划到建筑环境设计，从内外空间到建筑细部等种种细节的考虑，使这一建筑群落通过功能、空间、形式、色彩等诸多方面的整合，最终呈现出金融法院与城市环境的整体有机性和建筑群自身的整体协调性，以及建筑群体在形式语言叙事上的完整性。让这个走过近百年的城市区域焕发出新的生命和活力，表现出对城市历史的极大尊重，彰显出敬畏历史文化的态度和精神。

张峰、康乾、陈融升、金雅萍（上海、浙江）
上海交通大学番禺路校门外卖收取设施提升改造项目
项目地点：上海市徐汇区番禺路 655 号
建设规模：77m²
设计时间：2021 年 ~2023 年
设计单位：上海重峰建筑设计咨询有限公司

　　项目启用之前，校园外卖收取点就设在保安室的台阶和窗台上。由于外卖收取功能后置的加载，外加此功能交通流量日益增大，导致此处车流、人流发生剧烈冲突。方案采用了基础设施项目中公共化与复合化策略：外卖柜采用双向开启的模式方便使用；设施主动提供城市街道檐下公共空间，方便配送人员在雨天的使用；院内叠加公共服务与功能：休憩座椅、景观花园，并预留了自助咖啡机安装点位。据美团公司统计，虽然项目总用地面积仅 77m²，日均使用频率却可达到 1000~1500 人次，实则是超高密度公共性的基础设施。

章明、张姿、秦曙（上海）
绿之丘——杨浦滨江原烟草公司机修仓库更新改造
项目地点：上海市杨浦区杨树浦路1500号
建设规模：1.75万 m^2
设计时间：2016年
设计单位：同济大学建筑设计研究院（集团）有限公司原作工作室

123

　　绿之丘位于杨浦滨江公共空间贯通带上，通过独具想象力的设计，拯救了原本将被拆除的沿江仓库，将其改造成令人振奋的江岸生态综合体，在"工业锈带"转向"生活秀带"的城市更新大背景下展现出了设计创想的巨大力量。

　　它在多个层面上具有实验性：通过打破建筑底层中间两跨，让规划道路得以下穿，突破了传统的土地使用模式，使得老厂房得以保留；通过在建筑北部搭建坡道，与建筑相衔接，形成了从城市腹地到滨江的漫游路径，打破了城市与江岸的阻隔；通过切削建筑的南北方向，形成台地花园，减弱建筑庞大体量对江岸和城市的压迫感，从而在物理上打开一个城市，使生活在其中的人们获得更加复杂与丰富的经历，获得更多开放的、意料之外的机会。

再造 / 文化生境

本次展览也有很多新建作品入选。这些作品或位于都市,或位于乡村,或处于自然环境之中。它们具崭新的生命感,且与环境很契合,自带集体记忆与文化基因。这些极具"再生"感的佳作,或从传统地域文化中汲取营养,或与地域环境展开对话,或以情境营造为手法,或以独特的语言展示结构美感,融"文化塑造""形态创新""境界生成"于一体。

边保阳（海南）
希拉穆仁·丝路梦郡草原景区
项目地点：内蒙古包头市希拉穆仁草原
建设规模：8000m²
设计时间：2019年~2020年
设计单位：PLAT ASIA

　　希拉穆仁·丝路梦郡草原景区位于内蒙古包头市希拉穆仁草原，景区占地50000㎡，规划有景区核心功能区、游客中心、儿童乐园、户外剧场、二期规划住宿区等。设计以草原逐水而居的人文生活方式为灵感进行规划，让景区成为场地周边湖与河的连接，景区内建筑分布根据功能组团成大小不一的聚落，呈西北向东南流动的水流趋势。同时提取草原美学的主场景落日轴线，和景区南北轴线相交，共同控制景区建筑点位，平衡布局。核心功能区包括万国集市、展厅、剧场、商业街等附属建筑，其以落日轴线为轴对称分布呈弓形面向西北。景区以一条景观廊道形成的风装置将风留下，风装置沿着建筑外轮廓盘旋蜿蜒，飞扬的蓝色布条随风流动，给人带来特别的感官和游览体验。

陈日飙（广东）

挺起的脊梁，精神的丰碑——绵阳"两弹一星"红色旅游经典景区博物馆

项目地点：四川省绵阳市梓潼县

建设规模：28950m²

设计时间：2020年~2021年

设计单位：香港华艺设计顾问（深圳）有限公司

　　爱国主义教育是中国文化传承的重要组成部分。"两弹一星"博物馆群，即将肩负这一使命，作为物质载体，弘扬先辈科学家艰苦卓绝的奋斗历程。是他们的努力，换来中国长达半个多世纪的国防安全。

　　项目位于梓潼县长卿山脚下，原核工业研究所遗址旁边。规划建筑有绵阳三线建设博物馆、航天科技馆及相关配套设施。规划上呼应原子聚变的主题，延续放射性结构。两座博物馆选择以"消隐"的姿态，与整体乡土景观融为一体，靠近遗址区更加低矮，凸显原遗址的地位。两馆分别以"三线建设"和"航天科工"为主题：一座缅怀过去，经受岁月的蚀刻，形似"基石"；一座寄语未来，形似探查远方的"望远镜"。周边植被丰盛，小路蜿蜒，在山坪之间点缀多处下沉庭院，宜人的乡土景色令人放松心情，建筑与景观以有机联系为目标，还原以"三线建设"为背景"干惊天动地事、做隐姓埋名人"的历史空间性格。

陈雄（广东）
深圳机场卫星厅
项目地点：深圳宝安国际机场 T3 航站楼北侧
建设规模：235000m²
设计时间：2016 年
设计单位：广东省建筑设计研究院集团股份有限公司

作为深圳机场 T3 航站楼的国内候机区的延伸，卫星厅可满足年旅客量 2200 万的需求。

建筑以"X"为构型，兼顾集约的建筑规模及最大的功能灵活性。建筑结构装修一体化设计，标准化屋面及幕墙单元，节约生产成本。室内设计以三角形为母题，木纹天花、定制地毯、整体磨石地坪、三棱锥穿孔板采光带、"空港之门"无光精轧不锈钢天花，营造了卫星厅独特、温馨的出行环境。建筑表皮的 L 型遮阳构件犹如鱼鳞，赋予建筑动感及鲜明的特色。

结合绿色建筑技术、智能化技术，打造运营高效、设施齐全、好管好用的航站楼。

褚冬竹（重庆）
湖北三峡移民博物馆
项目地点：湖北省宜昌市秭归县
建设规模：12985m²
设计时间：2020年
设计单位：重庆大学建筑城规学院褚冬竹工作室、重庆大学建筑规划设计研究总院有限公司

　　湖北三峡移民博物馆位于屈原故里秭归县，紧邻高峡平湖，与"世纪工程"三峡大坝相距千米、隔水相望，肩负着保护收藏湖北三峡移民实物及历史文物，弘扬集三峡移民精神，彰显我国集中力量办大事制度优越性的重大使命。场地中轴线两端分别指向三峡大坝与已淹没老城，设计以"故土与新园"为理念，将整体陈列空间分为两个组团，分别赋予"故土"和"新园"主题。轴线两侧入口门厅、出口尾厅相对布置，完成右进左出的线性故事流线。设计用"连、分、沉、迁、升"五个步骤自然融合移民精神、家园转移与情感联系，以空间讲述移民故事，探索重大社会事件的当代空间呈现。

崔海东、金海平（北京）
肥城市民中心
项目地点：山东省肥城市
建设规模：12985m²
设计时间：2009年
设计单位：中国建筑设计研究院有限公司品筑设计工作室

　　肥城地处山东中部、泰山西麓，是闻名中外的"中国佛桃之乡"。建筑以"桃源洞天、城市客厅"为设计意象，莱洛三角形母题巧妙契合场地和周边环境，于建筑中融城市，于逻辑中生浪漫，营造出亲民动人的空间体验，呈现出独特的地域文化特质。

　　建筑如同微缩的城市，立体复合、开放共享，首层连成大平台，二至四层独立成三组单体，顶层再次环通一体，庭院穿插，平台错落，将丰富多彩的功能整合在大气魅影的桃形体量之中，从而增进市民的归属感，实现肥城幸福生活的"桃源梦"。

崔彤（北京）

中国科学院大学科学与艺术大楼

项目地点：北京市中国科学院大学雁栖湖校区

建设规模：23090m²

设计时间：2015年

设计单位：中科院建筑设计研究院

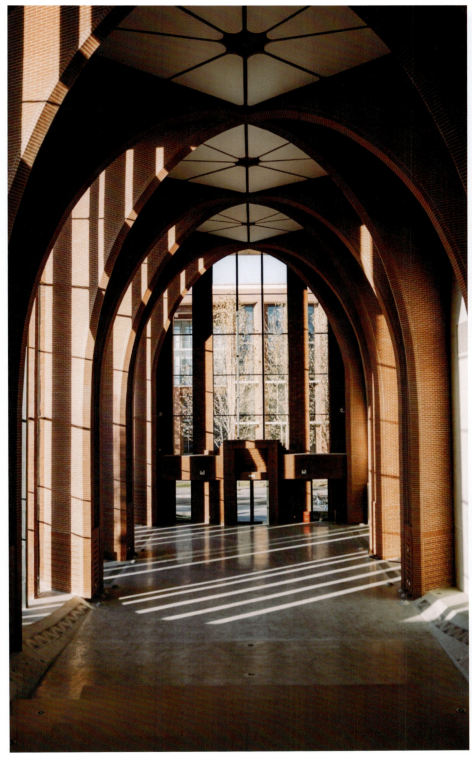

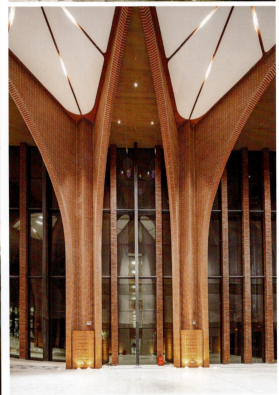

中国科学院大学科学与艺术大楼位于中国科学院大学雁栖湖校区，基础功能为教学实验室与研究室，方案秉承"模块"化的设计理念，具有简洁的"院构原型"，纯粹的"几何秩序"，逻辑的"理性空间"，透明的"建构体系"。建筑灵活可分、通用可展。同时以开放式的多功能空间，连接基础教育与研究深造，跨越过去、现在与未来，促进学科交叉与融合，展现中国特色与国际视域。建筑通过经典砖石砌筑与现代智构的有机结合，形成具有独特"透明体系"的合院、方院、书院。在充分体现生命科学特色并与校园整体风格相协调的前提下，构筑具有创新文化氛围、花园式、智慧化的科技创新教学实验空间。

崔勇（山东）
SKY BOWL
项目地点：山东省青岛市
建设规模：1000m²
设计时间：2021 年
设计单位：Society Particular (SOPA) 祚诚建筑

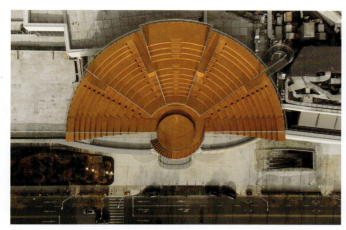

　　位于青岛浮山湾海滨的海信广场 SKY BOWL 项目，将商场未利用的屋顶激活为一个充满活力、向公众开放的公共空间。传统上，商场的设计闭塞且向内聚焦，限制了与城市美丽的海湾景观和温和气候的互动。建筑师挑战传统的商业改造目标，该项目拒绝了最初为高端、全玻璃的 VIP 屋顶区域的设计需求。相反，提出了一个创新的圆形剧场设计，底部是室内的观景大厅，顶部则是公众的观海舞台，设计允许每个人免费享受全景视野和文化表演。

　　这种变革性的设计方法旨在打破商业空间与公共领域之间的障碍，促进社区感、平等感和开放性。通过将屋顶圆形剧场融入城市结构，该项目不仅增强了商场与周围环境的联系，还丰富了青岛的社会和文化生活。SKY BOWL 项目作为建筑贡献于城市活力和社会凝聚力的潜力的证明，为未来城市更新项目提供了一个新范式。

丁鹏华（安徽）
竹西佳境
项目地点：江苏省扬州市
建设规模：5670.68㎡
设计时间：2018年~2019年
设计单位：出品建筑

　　"竹西佳境"坐落于扬州市邗江区古运河北岸，其历史可追溯至春秋邗沟。隋朝，在此处修筑了上方行宫；唐朝改建为竹西寺。千禧年后，城市化进程加快，为了满足周边配套的公共需求，该地块被改为公园，更名为"竹西佳境"。依据园林的布景手法，按"四三二一"的比例重新梳理了原有公园的总平面：有四分空地，东园开阔，西园幽深，中部覆土成丘，得高下深远之趣；水体三分，东湖扁阔，西湖狭长，得疏朗空阔之趣；园内新建"院、馆、厅、舍、庭"五个配套建筑散布园中，提供公共服务；并构筑亭台竹石一分，掩映在原有八景之中。试图再现场所历史沿革的记忆，使"竹西佳境"成为古运河畔的一处文化节点。

窦平平、刘彦辰、王明珠、于瀚清（江苏）
苏州·中国声谷声音媒体客厅
项目地点：江苏省苏州市
建设规模：105m²
设计时间：2022年
设计单位：南京大学建筑与城市规划学院、南京大学建筑规划设计研究院有限公司 LanD 建筑设计与研究工作室

　　本项目是苏州·中国声谷科创园区内绿地上的共享客厅，也是声音媒体与公共空间整合的实验性建筑。建筑室内部分功能为小型展览和会议研讨，室外部分为音乐演出和科创工作者日常休憩。创新性地设计了由日光转化为声音体验的装置——室外台阶上的太阳能集成板采集日光，转化并连接至室内展墙上的扬声器，扬声器发出的声音随室外光环境变化，并且整个设备由太阳能供电。建造方式采用轻钢骨架结合现代工业化集成竹材，生态环保，现场施工快速，室外耐候性能好，室内无需二次装修。该项目是声音媒体技术、交互感知技术、可持续建造和低碳生态理念相结合的探索。

范蓓蕾、孔锐、薛喆（上海、重庆）
丁蜀成校
项目地点：江苏省宜兴市丁蜀
建设规模：10905m²
设计时间：2017年~2019年
设计单位：亘建筑事务所

在快速城市化的背景下，中国农村面貌迅速变化，年轻人离乡，使传统手工艺文化的发展面临挑战。

丁蜀成校，地处江苏宜兴丁蜀镇，是紫砂壶的发源地，有上千年制陶历史。作为全国少有的陶艺教育培训学校，这里不仅通过提供学历教育和技能培训，提升当地居民收入与生活质量，还向缺乏公共设施的周边社区开放，成为进行公众教育和公共活动的场所。

不同于集中布置的传统校园，丁蜀成校采用传统工坊式的松散布局，每一种功能都有对应的空间、结构和设备，成为独立且具有良好采光通风的建筑单体。它们与多样的外部空间结合，构成丰富的校园整体。

丁蜀成校每年为成千上万的制陶从业者提供高质量教育培训，同时，持续举办的文化交流活动，使当地社区受益，让制陶传统在小镇上延续不息。

封帅（北京）
"源"创新科技展示馆
项目地点：江西省上饶市
建设规模：1000m²
设计时间：2017年~2019年
设计单位：英国杰典国际建筑

　　王安石在其诗作《题玉光亭》中独道上饶"每向小亭风月夜，更疑山水有精神"。类似地，"源"创新科技展示馆延续了"饶水回回转，灵山面面逢"的自然精魂，并积极地回应了"以创新驱动发展，加速构建科技强国"的国策，力图通过现代科技手段重现并弘扬地方特色精神。它位于山水环抱的上饶高铁新区的科技创新园，旨在成为科技发展的起源和灵感之源。展馆特设一个360°全景环道，连接了一个全方位水下沉浸式的环形屏幕投影，而在其顶部则汇聚了一潭清水，映射出天空的色彩和云雾的变幻，巧妙地将自然天象和创新科技园区的山水人文景观融为一体。

胡月文、张雅雯、韩祎、黄茸（陕西、湖南）
悬泉置博物馆·丝路文化遗产与生态韧性概念性研究设计
项目地点：甘肃省敦煌市
设计时间：2023年
设计单位：西安美术学院

　　悬泉置博物馆设计旨在打造承载和传播悬泉置驿站文化的展示空间。以"博物馆"为依托,以"驿站记忆"为建筑语境和切入点,以"情境营造"作为设计手段,在确保遗址本体及其相关历史环境完整性、真实性、延续性原则的基础上,综合悬泉置遗址场所共识性记忆元素的表达方法与途径,营造具有多样性、适应性、恢复性以及文化认同的记忆场所。

　　将驿站文化遗存提炼为文字表达,将文字语义化身为建筑形象。通过设计的"忆"、材料的"厚"、空间的"叠"以及对历史性空间场景的渲染。将谦逊的介入与内在的张力巧妙融合,引导参与者对空间产生相应的联想并积极地开展游览活动。

黄捷、黄皓山、张桂玲、赵亮星、杨晓波、陈梓豪、林晓强、陈森林、黄泰赟、符景明、程晓艳、杜元增、李源波、吴明威、翁沉卉、张郁林、卢明富、张慎、尹栋霖、蔡枫荣、丘星宇、冯石琛、张泳琦、黎心宇、林晓明、刘小靖、罗远山、冯彦铮、叶军、胡雪利、巴音吉勒、李文昌、代琪、叶曼蓉、黄若锋、李子言、刘东林（广东）

平潭国际演艺中心
项目地点：福建省平潭综合试验区金井湾
建设规模：38973m²
设计时间：2018年~2021年
设计单位：北京市建筑设计研究院股份有限公司

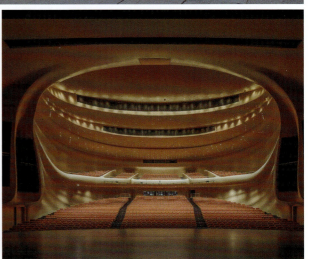

  本项目总建筑面积 38972.87㎡，其中地上建筑面积 26907.32㎡，地下建筑面积 12065.55㎡。屋架建筑高度 21m，台塔建筑高度 30m。项目主体由大剧院、多功能厅以及公共文化中心三大功能组成。建筑提供了一处面向大海与城市开放的公共场所，位于二层的入口平台成为人们眺望海湾景观的城市客厅，水平延伸的屋架形成了舒适的室外活动空间。建筑体量散落布置，人们可以自然地从公园、街道进入建筑之中，感受清水混凝土铸造的光影空间。我们设置了灵动的路径穿行于坚实的混凝土墙体之中，使其成为一处漫游体验的空间。

李保峰（湖北）

信阳蒲公山地质公园博物馆

项目地点：河南省信阳市

建设规模：3314m²

设计时间：2010年

设计单位：华中科大建筑规划设计研究院有限公司

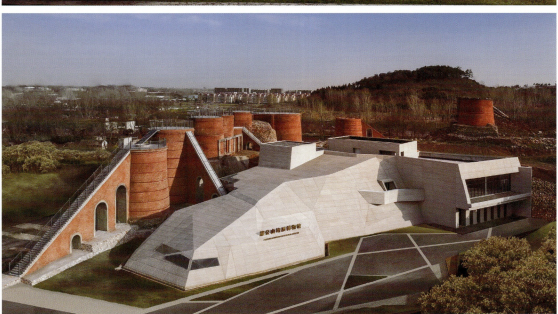

作者在废弃的石灰矿旁边设计了地质博物馆，力求以真实的场所来展示当年为了增加 GDP 而对环境的影响，新旧建筑融为一体，新中有旧，旧中有新，相得益彰。新博物馆不突出自己，将部分展厅压入地下，从而突出原来的旧石灰窑，以此彰显场所特征。

李道德（河南）
天空之戒
项目地点：广西壮族自治区崇左市崇左市大新县硕龙镇
建设规模：2500m²
设计时间：2020年~2022年
设计单位：dEEP建筑事务所

　　"天空之戒"位于广西德天跨国大瀑布景区，选址于悬崖之上，远眺越南。建设的初衷是吸引更多只观看瀑布的游客到山上一览壮美的景观，同时为他们提供休息、茶饮的空间。采用无人机扫描技术，将山体奇石全部进行完整的数字孪生，以最小的介入方式，加固岩石地貌的同时，将建筑"扎根"到山体之中，形成了三个层级的平台，让人可以与自然地景零距离接触，并通过一条200m长的空中栈道将三个平台贯通，让游客得以在不同的维度来游览和体验。整个设计虽然运用了先进的数字技术和参数化设计方法，但打造的是一个具有中国传统园林精神的"可游、可望、可居"的"多维山水建筑"，让建筑与自然一起生长，人的生活在其中发生，这也是一次数字建筑对中国哲学思想"天人合一"的具体呈现。

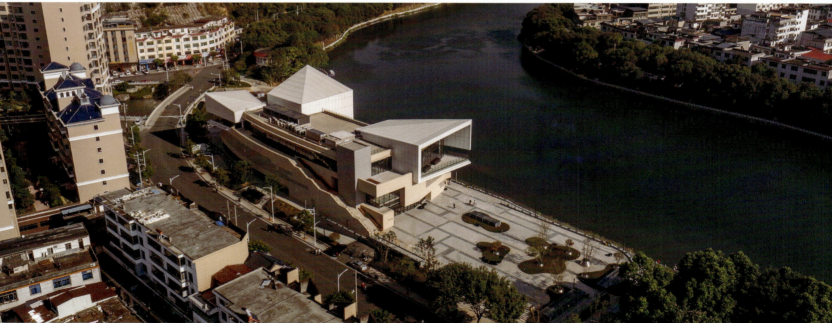

李琳（北京）
望犹江·熹台
项目地点：江西省赣州市上犹县东山镇
建设规模：6544.36㎡
设计时间：2021 年
设计单位：中央美术学院

 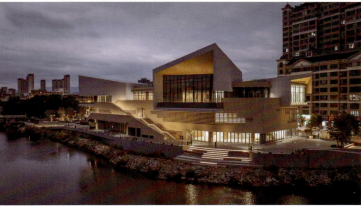
 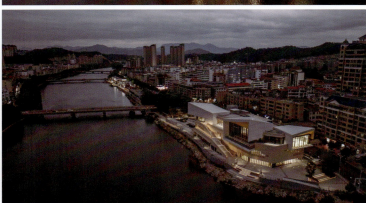
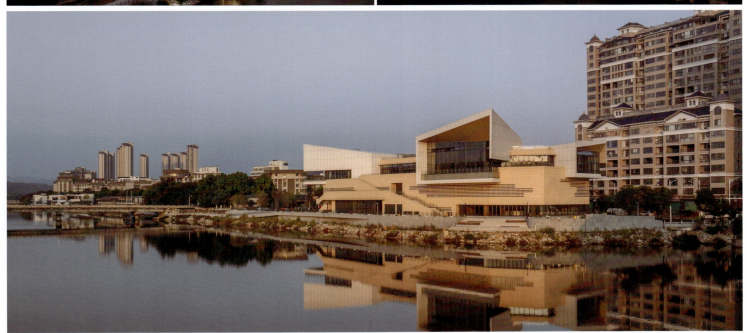

　　项目位于江西省上犹县城区东山镇上犹江北岸，地处三水交汇的优美地理环境，具备显著的区位优势。作为新老城区交界的滨江景观核心地带，基地享有江水转向与支流汇聚的双重景观。因此我们决定"依江就势，江屋共筑"，利用场地高差，使北侧临市政道路、南侧临江的各功能空间自然衔接，打造具有现代特色的城市文化馆。

　　设计通过多层次平台与自然山水相融，丰富的观景平台贯穿建筑动线，带来移步换景的空间体验。三个主要观景盒子汇集犹江美景，将自然与城市生活紧密相连，并在江岸形成标志性形体。项目通过"文化中心+"模式，增强市民中心的包容性，构建一个有机的城市文化客厅，展示上犹城区新形象，彰显绿色、生态、可持续的生活理念。

李亦农（北京）
路县故城遗址博物馆
项目地点：北京市通州区
建设规模：20130m²
设计时间：2019年~2024年
设计单位：北京市建筑设计研究院股份有限公司

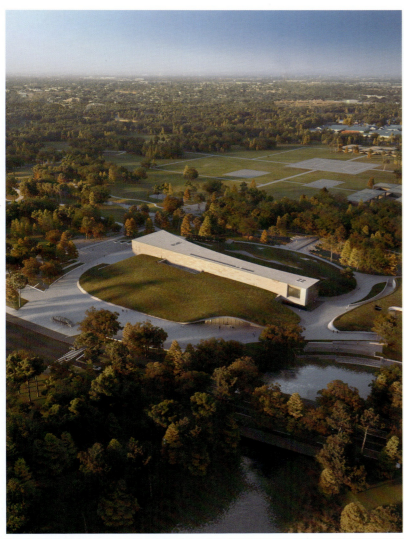

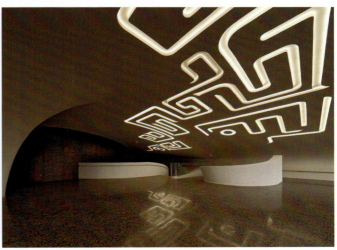

　　汉代路县故城遗址是北京市通州区内发现最早的古城，是追寻与探索通州历史和北京古代文化面貌的重要遗存。它为北京城市副中心所在地进一步追本溯源提供了有力的考古证据，在遗址上新建的博物馆将向更多的人讲述这里的故事。

　　建筑形态抽象简约，运用大尺度的玻璃和石材等现代材料致敬古城尺度。博物馆从形体、材料、比例等多维角度隐喻历史，构建对话历史、展望未来的桥梁。

　　博物馆的空间以光线为游览指引，引导游客自下而上地观展、思考和休憩，实现跨越时间与空间的对话。

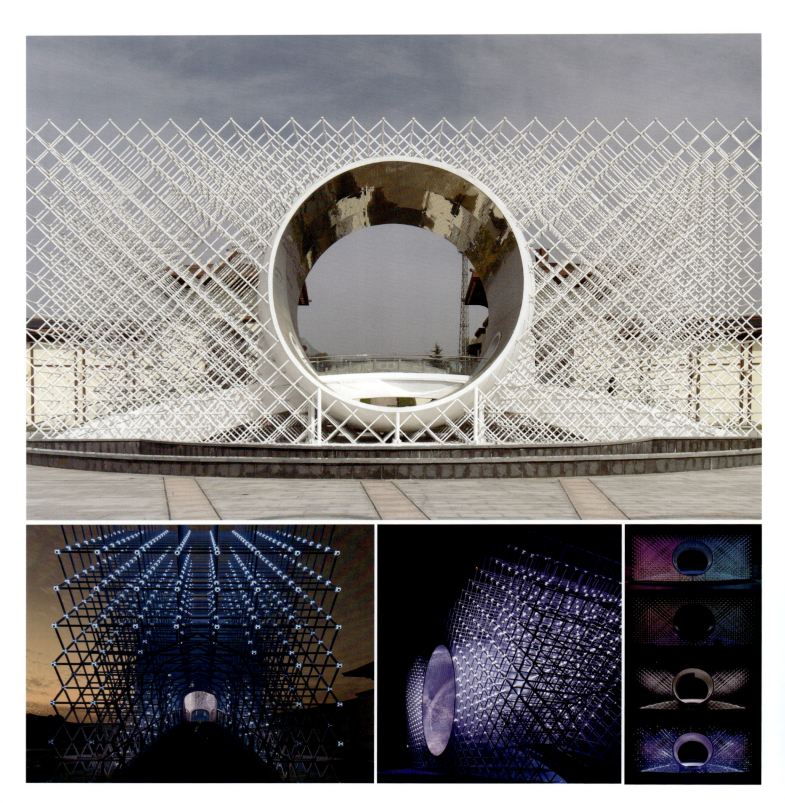

刘成章、姜泽（北京、安徽）
心动碧莲池
项目地点：山东省淄博市沂源牛郎织女景区
建设规模：29.9m×7.7m×13.14m
设计时间：2022年
设计单位：曲阳兴华石材雕刻有限公司

  设计以牛郎织女初次碧莲池相遇的心动为设计主题,推翻传统标志性雕塑的设计思路,选择不出现牛郎织女的雕塑形象,转而营造一个浪漫的相遇场景,参与的游人就是牛郎织女,充分增加装置的互动性。灵动的框架结构,组成银河的阵列,中间月亮也采用矩阵灯光配合夜景灯光,形成多样的灯光秀场。雕塑底部为一座架在碧瑶池上的彩虹桥,游人可以通过,站在桥中心位置,则身处一轮明月之下。高度13.14m,长度29.90m。

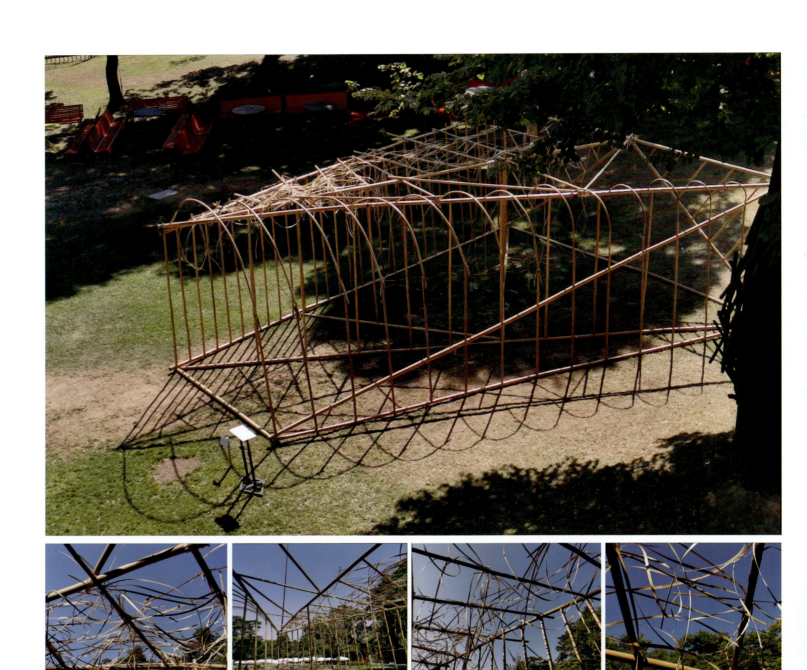

刘卫兵、杨叶秋（四川）

无形：第 23 届米兰三年展中国馆景观建筑小品设计

项目地点：意大利米兰市

建设规模：40m×20m×8m

设计时间：2022 年

设计单位：四川省大卫建筑设计有限公司

  为了响应第23届米兰三年展的主题"未知的未知——通往神秘的序篇"，中国馆特意选用了代表中国文化的象征——竹子，以其为媒介展开对话。本设计巧妙地融合了竹子与中国古代卯榫技艺，打造出一种与自然对话的"无形空间"，目的在于探索自然界与人工建筑相互作用时所孕育的无限可能。这种设计不仅彰显了我们对未知世界的深深敬畏与勇敢面对的精神，同时也映射出中华文化对宇宙本源包容理解的态度，以及"道法自然"与"天人合一"的深刻哲学思想。通过将这件作品安置在米兰三年展艺术宫公园，旨在传递一个独特的中国世界观，和与自然和谐共生的理念，为全球观众打开一扇了解世界的新视窗，提供一种刷新人心的观察角度。

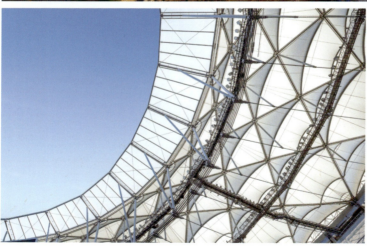

陆诗亮、李磊、王彦波、季强、郭旗（黑龙江）

大连梭鱼湾足球场

项目地点：辽宁省大连市

建设规模：136000m²

设计时间：2020年~2022年

设计单位：哈尔滨工业大学建筑设计研究院有限公司、大连市建筑科学研究设计院股份有限公司、中国建筑第八工程局有限公司、哈尔滨工业大学建筑学院

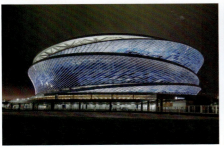

梭鱼湾足球场是大连市首座国际标准专业足球场，总建筑面积13.6万 m²，共有6.3万席位。它同时也是中国唯一一座三面环海的足球场，依海而建，有着270°的海岸线视野，位置极佳。

设计灵感来源于"海浪与海螺"，设计理念为"炫彩叠浪"，建筑立面定妆色"海洋蓝"，顶棚呈白色，"蓝海白云"与饰面象征波光粼粼的水之形态，将大连的海洋文化、足球精神融于一体。外立面由ETFE索膜结构与环绕索膜泛光照明体系组成。立面采用ETFE膜，近4万 m²，包含9种蓝色膜材、7823片膜片，是已知世界专业足球场膜结构覆盖面积最大，采用单层ETFE膜结构最多的工程。

潘勇（广东）
汕头大学东校区暨亚青会场馆项目（一期）
项目地点：广东省汕头市
建设规模：146000m²
设计时间：2019年
设计单位：广东省建筑设计研究院集团股份有限公司

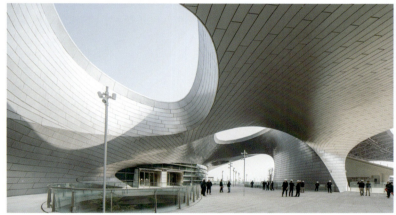

第三届亚洲青年运动会原计划2022年在广东省汕头市举行。汕头大学东校区暨亚青会场馆项目（一期）即为本届运动会的开幕式举办地及主比赛场馆，这是一座包含2.2万座体育场、8000座多功能体操馆、1.8万 m² 的多功能会议中心等集体育竞技、健身、会议等于一体的具有国际一流水准的多功能体育综合体。赛时，这里将作为亚青会开幕式场地和田径、体操比赛训练场地及主媒体中心，赛后将作为汕头大学东校区的一部分投入运营。

建筑向大海敞开，通过连续起伏的屋面把相互独立的建筑体量融为一体，自由流动的空间形态犹如大浪淘沙，激起千层浪花，既展现了潮汕人民敢为人先、傲立潮头的拼搏精神，也寓意潮汕地区独具特色的海洋文化所兼具的开放性和包容性。

史洋、黎少君（北京）
"后窗"——BMX小轮车比赛看台建筑设计
项目地点：山东省日照市
建设规模：300㎡
设计时间：2022年
设计单位：hypersity architects 北京殊至建筑设计有限公司

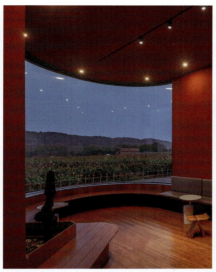

　　场地位于山东日照的驻龙山风景区山脚下，介于山海之间的空旷场域。作为 2022 山东省运会的 BMX 小轮车竞技比赛场看台，驻龙山看台建筑是裁判观看、吹罚比赛的制高处。建筑可解构为一个圆柱型的实体串联起两个垂直形体上宽下窄的构筑物，金属外墙反射着天空的光芒，"自由"的形体飘浮在空中，如同马列维奇创立的至上主义作品中取消所有对物质世界具体事物的指示和描摹，暗示着速度、活力、运动和紧迫性。

　　另一方面，驻龙山看台是后赛事时代谋划乡村未来计划的起搏器。这个建筑吸收自建房农民的地域性样式，重新建构出乡村设施建造的新原型，展现一种纯粹呈现从大地泥土中生长的状态。为山脚下乡村旅游提供文化设施，创造年轻时尚运动的竞技体育活力社区。

水雁飞（上海）
千鹦鸟舍
项目地点：浙江省丽水市缙云县
建设规模：4850m²
设计时间：2020年～2022年
设计单位：雁飞建筑事务所

  动物在文化上边缘化，远比现实生存环境的边缘化来得更为剧烈；大部分动物与人的关系极度退化，它们被吸纳进家庭（宠物）或成了"景观"（动物园）。

  "千鹦鸟舍"也不得不回应这样一个单向边缘化的前提。或许，我们需要的正是让自身也主动成为的"景观"里的一部分，借用当地石窟的形态，调动一种人与动物的对等体验，则是游园的关键。而再更深一步，效率型的科研部分，则是暗示着努力去构建一个行动网络的决心——从研究、繁殖、孵化、保育、医疗及科普教育，野生救助。也许，只有这些行动会让动物在象征性的假象中得以释放；正如当我们凝视它们，它们也会回望我们。

孙一民（广东）

海上玉兰——南上海体育中心建筑概念设计国际竞赛（第一名）

项目地点：上海

建设规模：127900m²

设计时间：2023年

设计单位：华南理工大学建筑设计研究院有限公司

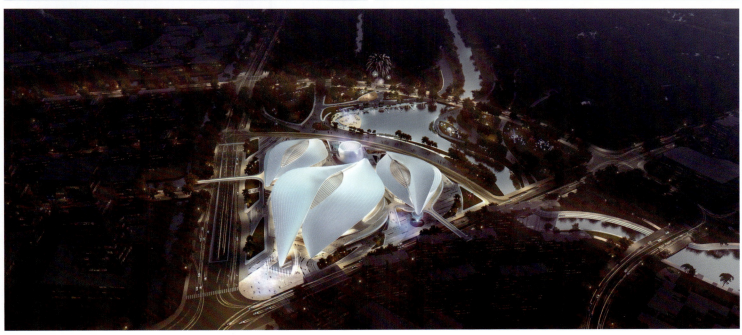

　　南上海体育中心，以"海上玉兰"为寓意，旨在彰显出奉贤开拓创新、勇当先锋的精神品格，践行低碳共享的理念，"绽放"于上海之鱼湖畔。风动暗香来，始知玉兰开。主体育馆、游泳馆、都市运动中心、户外扩展区形成一站式体育主题商业聚落。主馆满足冰篮转换要求，三个主要的体育空间亦可多功能转化满足多种体育活动的需要。与此同时，面向全生命周期的运营，作为城市多样公共活动的载体，可以灵活转换满足诸如演唱会、会展、游戏、学术活动等不同类型的社会活动，打造全生命周期，全时段运营的典范。多层次共享的南上海体育中心从环境中生成，将体育功能融入自然环境，贯通城市公共资源，实现高密度城市功能共享与守护本土自然生态之间的平衡。

汤桦（广东）
沸腾里火锅博物馆
项目地点：四川省成都市
建设规模：3248.49m²
设计时间：2019 年
设计单位：汤桦建筑设计

177

　　作为小镇的重要公共空间，火锅博物馆位于网络状的小镇街道外部，为小镇的公众活动提供放大的场地，以及更加多样的社交形态。作者对这个项目的想象，是一个同时能融入进成都建筑氛围的、同时具有公共性以及亲民性的建筑。

　　建筑以传统屋架的几何形体作为设计的生成基本元素，以交错网络的方式组成院落的空间单元。这个过程在经过平面的旋转以及空间中的交叉贯通之后，形成了一个新的建筑整体。院落的内容基于其在平面中的位置、尺寸和形态，被赋予了不同的功能和表达方式，而"实体"的部分，则形成建筑的室内功能空间。

陶暄文（北京）
我国某军事博物馆概念设计方案
项目地点：北京市
建设规模：48000m²
设计时间：2021 年
设计单位：中国航空规划设计研究总院

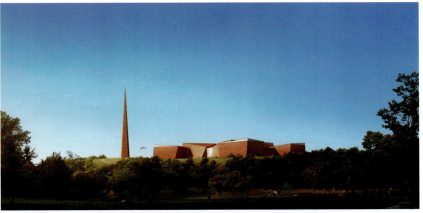

  项目位于北京市永定河文化带。方案从博物馆集群角度出发，提出"一心、三轴、多节点"的规划理念。
  建筑形式取自我国守土为疆千年不倒的玉门关，及有得胜归来之意的德胜门。旨在以建筑空间作为载体，原型同构，提供一种可以被每一位华夏儿女共同经历的集体记忆空间感知；设计采用中国传统的营建手法传承建筑文脉。建筑形象庄重大气、雄浑有力，彰显大国陆军的气势力量、悠久的陆军传承与文化自信。
  园区的高潮在于游览完博物馆到园区中心，建筑与纪念碑叠合成五角星的正投影之际，是正对中央军委的方向。霎时"人—建筑—纪念碑—中央军委"四点一线，形成视觉与精神的紧密联结寓意"人民陆军，一心向党"。抬望眼，"五星出东方利中国，光耀九州大地"形成整个园区的高潮。

仝晖、周琮、侯世荣、张烨、张小涵（山东）

书城海韵——山东建筑大学（烟台）产学研基地图书信息中心

项目地点：山东省烟台市黄渤海新区八角湾新城

建设规模：29039m²

设计时间：2020年~2021年

设计单位：山东建筑大学建筑城规学院

作为一个海边校园图书馆，设计探讨了"海洋文化的地域属性""校园建筑的场所属性"以及"图书馆的文化属性"，最终形成"书城海韵"的建筑意象。

1. 地域属性

从形态学、地域色彩、气候特征三方面思考了建筑的在地属性。

海生礁石内融外通的特点，启发我们在空间、形态设计中，塑造融会贯通、透明开放的特质。

2. 场所属性

建筑位于校前广场仪式主轴和东西景观主轴的交汇处，以方正体量融入校园整体规划，又通过体块错动导向景观轴带。建筑形态的塑造与校园环境实现了有机的统一。

3. 文化属性

图书馆是思想文化交流的核心场所。我们通过由内而外的设计，从内部空间到外部形式建立一种彰显滨海建筑特征、承接校园场所精神、在此时此地应有的文化属性。

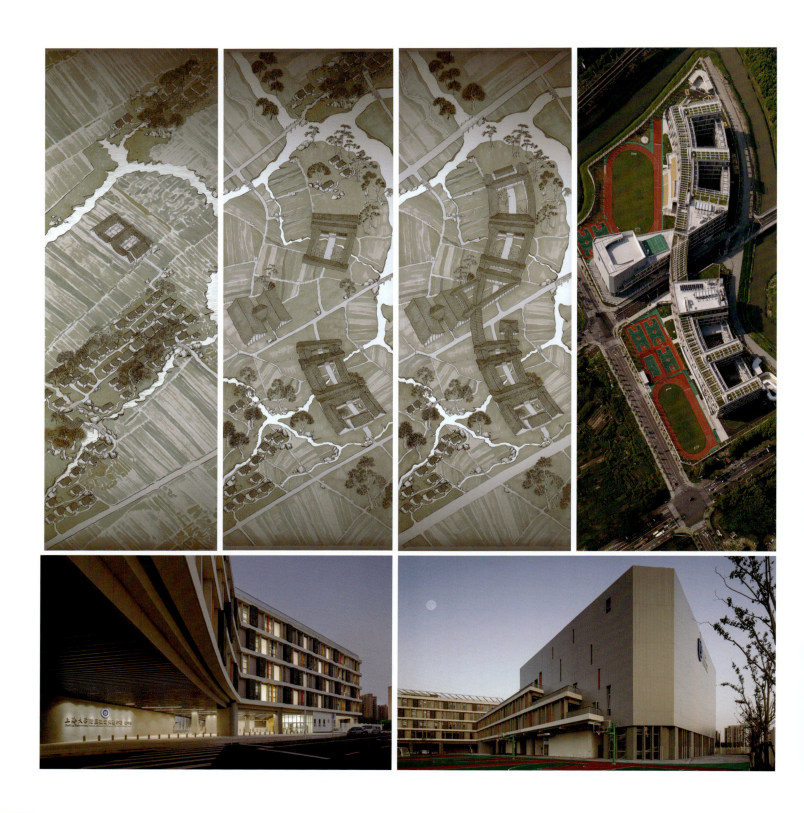

王海松、任川、黄喆、莫弘之、周伊利（上海）

新江南书院——上海大学附属嘉定实验学校

项目地点：上海市嘉定区

建设规模：69369.76m²

设计时间：2022年

设计单位：上海上大建筑设计院有限公司

　　"教化嘉定"是江南的一张名片。在江南水乡环境中，嘉定曾有练川、明德、震川等20余所书院，它们依水傍村，传衍文脉。新建的上海大学附属嘉定实验学校，被水系和现代人居所包裹。设计者以江南书院的环境格局为原型，以素朴清新的立面，融合江南书院的人文精神和现代功能，打造了一座极富现代意蕴的"新江南书院"。建筑群以水岸弧线为空间骨架，串联起了4个极具育人理念的"方院"。道路两侧的小学部和初中部在地下层、二层、三层、四层实现联通，可方便全校学生共享STEM实验中心、体育馆、小剧场、美术教室、餐厅等功能空间。结合屋顶、内院等户外空间，学校设置了屋顶农场、百草园、演讲角、英语角等功能空间，全面实践了"全人教育"的理念。

王建国（江苏）
大理书院
项目地点：云南省大理市
建设规模：3248.49m²
设计时间：2019年
设计单位：东南大学建筑设计研究院有限公司

　　大理书院位于大理古城西南方，属于历史文化名城保护规划的风貌协调区。东、南临路，西北两侧贴合周边民居。建筑设计立足传承白族传统建筑文化，考虑书院作为公共建筑的技术性要求，同时妥善处理之字形用地和协调周边环境的问题，明确了层级梯度性的建筑布局。南区采用与现代建筑空间一致的体量规划，成为举办地域文化展览的市民空间；北区以讲堂、藏书楼为核心布置建筑群体，延续大理建筑坐西朝东的布局偏好，融入古城肌理。建筑立面设计对白族传统民居外墙装饰艺术进行了抽象和转移，成为城市中一面独特的景墙。

　　设计中保留原有的小型园林、白族门楼、石雕旗台和大型树木并适当改造完善，留存了场地的历史集体记忆，使建筑具有见证时间年轮的价值。

王浪（广东）
佛山企业家大厦
项目地点：广东省佛山市
建设规模：157604.52㎡
设计时间：2012年~2018年
设计单位：悉地国际设计顾问（深圳）有限公司

　　佛山企业家大厦是一栋服务于28家精英企业的246m的超高层办公楼建筑，地处佛山新城，位于城市轴线的端部，城市东西向轴线穿越地块，将其一分为二形成两个地块。建筑师回溯到佛山本土，从岭南建筑、醒狮文化中汲取设计灵感，将建筑造型抽象为一束简洁、流畅、现代的银灰色线条，塔楼与裙房一气呵成，犹如佛山传统舞狮活动中，雄狮尾部布幔舞动拖曳形成的光带，这些流畅的线条在裙房中形成建筑的骑楼、灰空间、退台城市绿化和商业中庭。

王琦（重庆）

活力CPU：人文精神与社会价值新载体——重庆大学虎溪校区体育中心

项目地点：重庆大学虎溪校区

建设规模：44145.89m²

设计时间：2017年~2018年

设计单位：重庆大学建筑规划设计研究总院有限公司、中冶赛迪工程技术股份有限公司

项目集体育比赛区、游泳训练区、球类训练区、地下停车区等四个功能区，目前为西南地区最大的高校体育场馆。设计尊重校园文化和历史，契合现实需求与定位，采用分散式布局，增强参与性和体验感，从而让整个空间具备现象学意义上的场所精神。讲求内在功能逻辑与建筑形式的统一、结构美学与运动美学的共融，同时注重功能空间的弹性转换，积极探索平赛结合的可能性。设计试图超越建筑学自身的局限性，努力寻求人文精神的传达，并与社会价值紧密联系，不但希望展现重庆大学深厚的人文底蕴，绘制一幅校园文化的建筑图景，更希望向城市输出人文精神，为城市提供体育健身和文化活动的空间载体，让体育中心成为融合人文精神、体现社会价值的高效处理器。

王子耕（北京）
运城五谷食肆餐厅
项目地点：山西省运城市
建设规模：822m²
设计时间：2020年
设计单位：镜像（北京）建筑设计咨询有限公司

　　五谷食肆毗邻国家保护遗址山西运城粮仓，承担了整个义仓文旅片区更新开发项目的餐饮文化体验功能。设计从我国北方院落类型出发，材料和屋顶做法呼应文脉。以传统文化"五谷"为主题，设置5个不同的就餐体验区域，分别由5个相似的坡顶小屋围绕开放式的"明厨"依次展开。

　　设计通过对两个单坡屋面单元体组合关系进行了类型学（Typology）分类研究，探讨在不同组合关系下就餐空间与围墙、庭院和自然光线的微妙互动。高侧窗带来的丰富均匀的天光、屋顶单元与围墙自然形成的庭院缝隙，以及水平矮窗共同创造了被静谧景观包围的空间感受。将原本消极的周边环境，用"浅庭院"方式转化为宜人的就餐环境。

吴昊、吴尤、李建勇（陕西）
秦腔一声吼
项目地点：安徽省合肥市
建设规模：60㎡
设计时间：2023年
设计单位：西安美术学院、同济大学

　　"秦腔一声吼，老腔一声喊"的"两腔入园"设计理念，呼应第十四届中国国际园林博览会"百姓园博"主题，以戏楼建筑及其整体艺术环境的空间营造来构建园博会西安园核心区的"百姓舞台"。

　　戏楼建筑的设计采用艺术化再现的手法，以现代设计语言再现陕西关中地区传统戏楼形式，彰显秦风秦韵。以"写意"创新，戏楼通体以钢片的排列组合变化形成具有通透感和丰富光影效果的形式语言，该戏楼建筑艺术设计已成功申请获批国家知识产权局外观专利（专利号：202430253788.1）。

杨明（上海）
第十届中国花卉博览会世纪馆
项目地点：上海市崇明区东平镇新建花博园区
建设规模：12000m²
设计时间：2018年~2020年
设计单位：华东建筑设计研究院有限公司

　　世纪馆是本次花博会的主场馆之一，是集多媒体虚拟展示与植物实体展示为一体的珍稀木本花卉科普展示中心。其以"蝶恋花"为主题，通过1.8万㎡的抽象自中华虎凤蝶的屋面"花海"消隐体量，实现建筑主体与周边生态景观环境的完美融合。"花海"之下，覆土屋面跨度280m，以全国首创的超大跨度自由边界混凝土薄壳结构成就全国之最，并通过随机排列的高细摇摆柱形成"树林"意象，呼应生态主题。世纪馆整体开敞，以主动式的节能设计策略保证了项目的经济性与可持续性，成为国内首批获得"WELL"金级认证的展览建筑，助力第十届中国花博会成为全球最大规模的SITES认证项目。

杨晓川、汤朝晖、张倩（广东）
崇左市江州区城南实验小学
项目地点：广西壮族自治区崇左市
建设规模：36224.15㎡
设计时间：2019年
设计单位：华南理工大学建筑设计研究院有限公司

　　崇左市江州区城南实验小学为一所42班的全日制小学，以广西地区奇特石林地貌和花山雄伟的岩画为灵感，结合新时代师生多元的学习空间需求，引入"中轴学习廊"的概念，形成"一轴、四线、多院"的空间格局。以校园用地中轴的趣味学习活动廊为主轴线，串联起校园各功能区，曲折蜿蜒的路径营造出中国传统园林中的起、承、转、合的空间体验。以廊为轴，流线清晰，体验舒适，营造出趣味、便捷、高效的校园空间。考虑到新时代小学的接送问题，校园设置了主入口停车缓冲岛、城市生态绿化停车场、下沉庭院架空停车场、家长临停接送出入口等多种措施，为师生家长提供舒适等候、便捷通达、安全离校的多元空间，有效解决城市和学校接送难题。

钟华颖（江苏）
广西大石围国家地质公园天舟观景台
项目地点：广西壮族自治区百色市
建设规模：800m²
设计时间：2018年
设计单位：南京大学建筑规划设计研究院有限公司

　　广西百色乐业县大石围天坑群是世界上最大的天坑群，被誉为"世界天坑博物馆"。云海天舟项目正是为体验这种大尺度地理奇景所设计。

　　云海天舟由两条蜿蜒的曲线所组成，定义了由山脊向崖壁延伸、过程中高度不断降低的观景平台，尽可能地让人接近崖壁。下部曲线形成内部的咖啡厅以及结构所需要的高度，下方V形的支撑将整个建筑的落地点限定在最小范围内。平台前端的透明玻璃，让人在悬挑空间体验心跳的感觉。回到咖啡厅向天坑相反的方向眺望，则是重峦叠嶂的山景。两种体验的转换让人从心惊肉跳到开阔平静，心境随景观一起跌宕起伏。

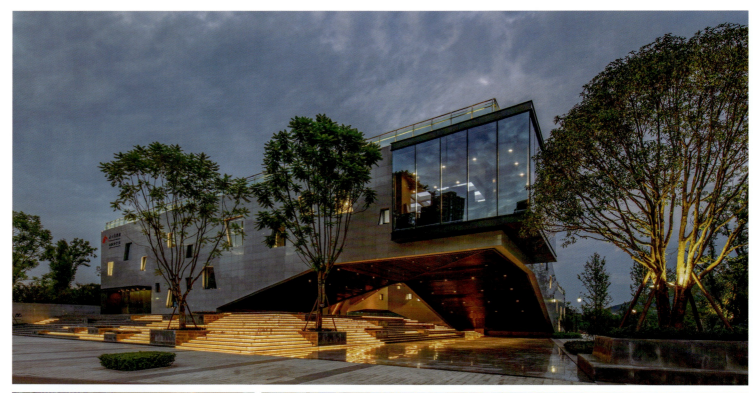

钟洛克、江怡鸥、黄思斯、方小桃（重庆）

重庆市合川区美术馆

项目地点：重庆市合川区东津沱滨江公园

建设规模：2300㎡

设计时间：2018 年

设计单位：重庆市设计院

　　美术馆位于东津沱滨江公园主入口广场，介于城市和嘉陵江之间，周边公园绿树成荫，远处群山环绕。建筑形体取意于合川的"合"，围合形成内庭空间，建筑对角线两端上悬，以使连通广场、内庭与江景的视线通廊从建筑对穿而过，消解了建筑对江景资源的遮挡。建筑开向广场的主入口因为防洪水位的要求而抬高，形成建筑"天"与"地"向江面由高到低的跌落，由此形成屋顶舞台式观江看台和内庭可坐可行的大台阶。内庭上方设置玻璃坡顶，使得内庭与两端建筑的悬挑下部空间一起成为全天候向市民开放的休闲空间和室外布展空间。玻璃坡顶造型既向传统建筑文化致敬，也与远山山形相呼应。建筑的用地红线、总图、内庭轮廓均为"直角梯形"，为了延续这一母题，在立面的轮廓、开窗、开门洞设计时也采用了此母题，也顺应和避开了建筑全钢结构在立面上的斜撑立柱。再到景观的树池、座凳和石材开槽等细节设计时，也同样延续了"直角梯形"这一母题。

周德洪、黄国力、杨允斌、唐宋辉、全剑科、李秋均、林宏东（广东）
珠海横琴人文天地文创中心—文创展示
项目地点：珠海市横琴岛新区
建设规模：3857.41㎡
设计时间：2019年
设计单位：广州大学建筑设计研究院有限公司

　　本项目为集汽车主题酒店、汽车展示、文化创意办公、展示、培训、旅游设施及动漫为一体的新型产业园区。7×24小时全天候综合利用，打造一个全天候利用的文化创意园区。创造个性鲜明，具有标志性的建筑，同时根据城市背景，创造一种力求与城市文化相结合的建筑形式。打造趣味的汽车主题展示空间，一种全新的展陈方式，一场别具一格的体验观感。营造丰富趣味的办公空间，丰富的空间设计，不仅给办公人员创造了更多的休闲空间，也给枯燥的工作生活增添乐趣。多样性的开放空间活动空间，屋顶花园交流、分享、互动，连廊相通，以达晴天不打伞、雨天不湿脚。项目整体建筑造型简洁优美时尚，以白色调为主，契合当地人文风情，充满创意灵动的造型，赋予人文天地主题空间，使之成为横琴地区重要的地标建筑组成部分。

周蔚、张斌（上海）
崇明东滩湿地科研宣教中心
项目地点：上海崇明东滩鸟类国家级自然保护区
建设规模：3248.49m²
设计时间：2013年~2015年
设计单位：致正建筑工作室

　　项目位于上海崇明东滩鸟类国家级自然保护区东北部修复后的芦苇湿地内，其承担着宣传和展示生态环保理念、促进对外交流合作等功能。建筑体量化整为零、错落布局，成为一组以桩柱平台架空漂浮于水面之上、掩映于芦苇丛间的水上聚落，并用一条曲折蜿蜒的水上栈桥将会议展览、食堂、研究和宿舍这几栋大小差异的建筑联系起来。设计还通过"双坡棚屋"原型的转换和尺度的操控去创造能够回应天空、湿地、芦苇、飞鸟这些环境特质的室内外空间氛围。将"Y"形单元结构的并置与变异，形成均质又富于变化的连续坡折屋顶。深远出檐覆盖下的建筑聚落让建筑体量破碎化与片段化，消解了不同规模单体的尺度差异，用一种"重而轻"的方式来与这一特殊的场地产生关联。

庄子玉（北京）
龙泉山镜高空平台
项目地点：四川省成都市
建设规模：4200m²
设计时间：2019年
设计单位：BUZZ 庄子玉工作室

龙泉山镜高空平台，作为成都市区制高点上的建筑物，理应是"流动的""消融的""景观的"。故而，设计通过"人工"的手段在"自然"之中去获取一种对于大型"景观"的回应或对话，使这栋建筑并未突兀地立在山中，反而更像是一块隆起的地表，以一种具有流动性的状态去回应与山体的关系。"匍匐"的姿态首先是对"成都平原"的这一地貌的映射，建立一种非常强的横向延展关系。这种横向关系又是由一系列不同高差下但又相对连续的水平方向界面组成，延展性也在流动的平面里产生。

平面流动过程中围合出诸多庭院，应对不同的高差，产生出不同的场所特征；庭院的不同位置，也创造出不同的对景关系。建筑的顶部结合场地高差，形成了一个蜿蜒的上人屋面，也成了山间开放的观景平台。屋面本身由大小不一的天然石材铺设，经年累月，植被慢慢沿着石材之间的缝隙爬上屋面，使建筑悄无声息地演变成自然山体表面的形态。

屋面下由景观水池和泳池合而为一的连续水面映射出天空的颜色，水面的边界也消融在远方的天际线中。多功能厅以及泳池辅助性功能空间退回到水面之后，留给泳池更开放的观景视野。餐厅被环绕在同样开放视觉体验的景观水池之间，主体部分探身到山体之外，以获得更好的观景体验。而后勤功能等体验感较弱的部分则覆盖在挑檐之下或藏在场地之中。

建筑本身具有强烈特质性与地标性，从某些角度像一个飞船或者天外来客，蓄势待发；同时又足够地消隐甚至软化，使其不对已有的自然环境构成威胁和抵触，像一个地表的褶皱或者林间的飞桥，若隐若现。